Heinz-Jürgen Brink

KOSMISCHE WÜRFELSPIELE
UND DIE ENTWICKLUNG DER ERDE

Heinz-Jürgen Brink

KOSMISCHE WÜRFELSPIELE
UND DIE ENTWICKLUNG DER ERDE

ATHENEMEDIA

Erstausgabe
Umschlaggestaltung: Athene Media Dinslaken

Printed in Germany
ISBN 978-3-86992-058-0

Geleitwort

Wir leben auf der Erde und sind uns dessen nur oberflächlich bewusst, und wir wissen sehr wenig über sie. Sie langweilt uns sogar, sie ist ja so selbstverständlich. Oder wir engagieren uns für die Umwelt und merken nicht, dass wir viel weiter und tiefer denken müssen als an unsere direkte Umgebung. Im Geografieunterricht haben wir fast nichts darüber gelernt. Aber wir klagen über steigende Kraftstoffpreise und schimpfen über Ölkonzerne und Energieversorger und vergessen, dass es um ERD-Öl und irdische Rohstoffe geht.

Was uns fehlt, ist ein Grundverständnis von Zusammenhängen zwischen Erdöl und Erdgeschichte, Energie und Konsum, Land und Meer, Vulkanen und Erdbeben und Zeit und Strukturen, Leben und Tod ... Wissenschaftler und Spezialisten schüchtern uns ein, statt uns zu selbstständigem Denken anzuregen. Sie beschränken sich meist – aus guten Gründen – auf belegbare „Fakten" und vermeiden Spekulationen. Die Medien andererseits berichten über geologische Ereignisse, aber ohne Grundverständnis oder ein Gesamtbild zu vermitteln. Der Autor versucht, unsere Blockierungen aufzubrechen und zum Spielen mit Ideen anzuregen. Dabei verwendet er auch etwas Mathematik, aber es lohnt sich, die Einführungen gründlicher zu lesen, um z. B. die zentrale Rolle der „Lognormalverteilungen" und des Würfelns („Monte Carlo Analyse multiplikativer Systeme") zu verstehen.

Der Geophysiker und Erdölgeologe Heinz-Jürgen Brink erzählt von Aspekten, die Laien und Fachleute überraschen werden: Zufallsverteilungen in der Natur, Würfeln, Glücksspiele, Mensch und System, Gott, Hiob, globale Geodynamik, Einschläge kosmischer Körper, Entstehung des Lebens ... Von einem Erdölgeologen erwartet man das nicht. Philosophisches Nachdenken? Jedoch sind es gerade seine Kenntnisse über Lagerstätten, Exploration, Gewinn und Risiko, welche die Grenzen sprengen. Lagerstätten treten nicht irgendwo und irgendwann auf, sondern hängen mit der Geschichte der dynamischen Erde zusammen. Und sie ist in der Tat viel spannender, als die meisten denken. Heinz-Jürgen Brink versucht nicht, mit letzten wissenschaftlichen „Fakten" zu belehren, sondern vermittelt das Gefühl von Herausforderungen, Unsicherheiten und Unwägbarkeiten der Natur, eben vom Würfelspiel wie im wirklichen Leben.

Wie wir von Würfelspiel zu Vernunft, Zufallsverteilungen, zur Frage nach Gott und Mensch kommen, wird hier nicht verraten, aber es sei erwähnt, dass der Bezug zu Gold und Edelsteinen bis zur Weisheit durchaus schon zu biblischen Zeiten gesehen wurde. Ich hatte als Jugendlicher mal die Bibel durchgelesen, aber die Ausführungen im Buche Hiob über Bodenschätze hatte ich inzwischen vergessen.

Die Überlegungen über Zufall und Würfeln führen zur globalen Geodynamik und zu einer recht umfassenden Einführung in die Erdgeschichte, mit der sich Geologen seit Langem befassen. Hier macht die lückenhafte Datensituation Schlussfolgerungen wissenschaftlich meist schwierig und fordert zu Spekulation heraus. Aufgrund von Zufallsverteilungen kann man aber plausible Zusammenhänge zwischen Impakten (kosmischen Einschlägen), Mantel-Plumes, riesigen Flutbasaltprovinzen, Sedimentbecken, Entstehung des Lebens ... diskutieren. – Schon von Mantel-Plumes gehört? Federbüschen auf Ritterhelmen? Rauchsäulen? Es sind heiße Aufströmungen, „Konvektionssäulen“ im etwa 3000 km dicken Erdmantel. Man kann fragen, ob große kosmische Einschläge Strömungen im ganzen Mantel auslösen können, mit allen Folgen, welche die meisten Geologen heute den Mantel-Plumes zuschreiben. Auch ich befasse mich mit einem Plume, dem Island-Plume, der teilweise nachgewiesen aber im Ganzen immer noch umstritten ist. Es ist ein faszinierendes Thema, und Brinks Ideen und Überlegungen sind auch für mich wichtig.

Ich wünsche dem Buch eine interessierte Leserschaft, die nicht einfach „glaubt“, sich jedoch zu kritischer Prüfung und zu Weiterdenken anregen lässt. Ein weiter Bogen überspannt aktuelle Forschungsdiskussionen. Die Erde, auf der wir leben, ist ein spannendes Feld. Manche der aufgeworfenen Fragen können zum Beispiel modelliert werden. Die angedeuteten (zitierten) komplexen Beziehungen können systematisch überprüft werden, allerdings nicht nur so nebenbei, jedoch durch den vorliegenden Leitfaden erleichtert.

Ich schließe mit einem Zitat aus den Schlussfolgerungen:

„Prozesse auf der Erde wie die Bildung von Systemen von Erdöl- und Erdgasfeldern sind wie in einem Kasino den Würfeln der Natur überantwortet und werden dabei unsichtbar gesteuert von einer Auswahl der Regeln des Spiels, die man als Naturgesetze versteht. Die Komplexität eines Systems bzw. die Differenziertheit seiner ‚Mitglieder‘, die in anthropogenen Systemen u. a. denkende, selbstreflektierende, rückkopplungsfähige, streitbare und ehrgeizige auf Rangfolgeänderung bedachte Individuen sind, wird dabei bestimmt durch die Anzahl der einwirkenden Parameter. Wie beim Würfelspiel sind auch in der Exploration nach Erdöl und Erdgas Glück und Pech, Zufall und Notwendigkeit, Vergangenes und Zukünftiges unlösbar miteinander verbunden, sowohl auf wissenschaftlicher und wirtschaftlicher wie auf individueller und gemeinschaftlicher Ebene“.

Prof. Dr. Wolfgang Jacoby
Mainz, im August 2011

1. Einleitung

Ist das Ziel das Ziel oder ist der Weg zum Ziel das Ziel oder gilt irgendwie beides? Wie fälle ich meine Entscheidungen optimal, oder anders herum, wie kann ich den Anteil meiner Fehlentscheidungen minimieren? Vor diesen Fragen stehen viele Menschen, besonders auch diejenigen, die sich professionell mit Risiken, Wahrscheinlichkeiten, hohen Gewinnen oder Verlusten sowie mit den Unberechenbarkeiten der Natur auseinandersetzen müssen. Rohstoffe, die ein Rückgrat der menschlichen Zivilisation bilden, und die Suche nach ihnen symbolisieren diese fünf Begriffe hervorragend und stellen die Explorateure vor immer neue und aufregende Aufgaben, an der sie jederzeit scheitern können, die sie im Erfolgsfall aber auch tragen und Genugtuung versprechen.

Der "Explorateur"
Camille Flammarion, L'Atmosphere: Météorologie Populaire (Paris, 1888), p. 163, koloriert.

Das gilt sicherlich auch für die Geophysiker und Geologen der internationalen Erdöl- und Erdgasindustrie. Fehlentscheidungen, seien sie einfach nur Pech oder von menschlichen Schwächen wie Inkompetenz, Arroganz oder Ignoranz verursacht, weil man vielleicht zu frühzeitig meinte, schon alles Erforderliche zu wissen, haben für die eine oder andere Firma schon riesige Verluste, wenn nicht sogar das generelle Aus bedeutet. Hinzu kommen noch die vielen ungelösten Rätsel, die im Untergrund der Erde verborgen sind und fast jedes explorative Bohrprojekt zu einem Vabanquespiel machen können. Zur Enträtselung des Untergrundes und damit der Schaffung einer besseren Entscheidungsgrundlage für die nach Erdöl und Erdgas explorierenden Firmen ist eine umfangreiche geowissenschaftliche Vorbereitung eine notwendige Voraussetzung. Je komplizierter der Untergrund ist, je mehr Rätsel er verbirgt, umso mehr muss geophysikalisch und geologisch vorgearbeitet werden, was natürlich Kosten für Erkundung und Personal hochtreibt. Bei den Versuchen anfallende geowissenschaftliche Daten, die der Rätsellösung dienen sollen, werden nach den ersten Interpretationen und Entscheidungsfindungen in endlosen Archiven gespeichert und zusätzlich für Computeranwendungen aufbereitet, sodass sie von den Wissenschaftlern der Erdölindustrie jederzeit wieder abgerufen, neu analysiert und re-interpretiert werden können. Global operierende Unternehmen sind dabei im Vorteil, da ihre Datenbasis die gesamte Erde umfasst, inklusive der, die von Universitäten und Forschungsinstitutionen weltweit umfangreich veröffentlicht werden. Sie können damit einen genaueren Einblick gewinnen, auf welche geophysikalischen und geologischen Beobachtungen unbedingt zu achten ist, will man für geplante Projekte Risiken möglichst reduzieren und Erfolgswahrscheinlichkeiten erhöhen. Zusätzlich gewinnen sie Erkenntnisse darüber, was die Entwicklung der Erde im Allgemeinen antreibt und wie Prozesse in der Natur ablaufen oder abgelaufen sind. Diesem Themenkomplex wird sich die vorliegende Arbeit widmen und ihm eine naturphilosophische Komponente, und wer will, auch eine göttliche Sinngebung vermitteln. Die Arbeit wurde in zwei Hauptteile untergliedert, jedes mit eigenem Literaturverzeichnis. Der erste Hauptteil befasst sich mit (1) der Erdöl- und Erdgasexploration als eine wichtige Quelle geowissenschaftlicher Erkenntnis, (2) geodynamischen Würfelspielen sowie (3) deren naturphilosophische Deutung unter anderem anhand eines räumlich eng eingegrenzten Beispiels im Norddeutschen Becken, der Grafschaft Bentheim. Die Identifizierung mit einer kleinen Region soll helfen, die abstrakten Analysen in eine allgemein vertrautere und zugänglichere Ebene zu projizieren. Im zweiten Hauptteil wird versucht, (1) Impakte kosmischer Asteroiden auf der Erde, deren Größenverteilung ebenfalls dem Wirken eines Würfelspiels zugeordnet werden kann und deren potenzielle Auswirkung auf die globale geodynamische Entwicklung bedeutend zu sein scheint, sowie (2) die Entstehung des irdischen Lebens in einem Ursachen- und Wirkungszusammenhang miteinander zu verknüpfen.

Der Tod, der jedem Leben wieder ein Ende setzt, ist Voraussetzung dafür, dass abgestorbenes Leben durch eine nachfolgende Deponierung und Diagenese eine Nachnutzung in Form von Erdöl, Erdgas und Kohle für spätere Generationen von Leben (von Mikroorganismen z. B. im Golf von Mexiko bis hin zum Menschen) ermöglicht. So schließt sich der Kreis. In den Schlussfolgerungen werden die Erkenntnisse aus den zwei Hauptkapiteln gemeinsam betrachtet und analysiert, was zu naturphilosophischen Fragen über Sein, Werden und Sinn des Lebens auf der Erde führt. Ein Glossar am Ende des Buches soll dazu dienen, der Fachsprache durch einige wesentliche Begriffserklärungen etwas von ihrer Unnahbarkeit zu nehmen. Der kolorierte Holzschnitt eines „Explorateurs" nach *Camille Flammarion* gleich zu Anfang und die Fotos und künstlerischen Abbildungen A bis H von *Jacob van Ruisdael, Heino Lübben u. a.* wirken neben den abstrakten Grafiken in diesem Buch hoffentlich auflockernd und anregend zugleich.

2. Die Grafschaft Bentheim: Erdöl und Erdgas, Ordnung schaffende Würfelspiele und naturwissenschaftlich – göttliche Sinngebung

2.1 Einleitung

Speziell der heimatverbundene Mensch liebt die Landschaft, in der er aufwächst, auch wenn er weiß oder ahnt, dass sie im Vergleich zu anderen möglicherweise eher herb als grandios ist. Dies gilt sicherlich auch für die Grafschaft Bentheim und ihre Bewohner, den Verfasser eingeschlossen, der dort geboren wurde und in den Fünfziger- und Sechzigerjahren des Zwanzigsten Jahrhunderts bis zum Ende seiner Schulzeit, die er am Gymnasium Nordhorn beendete, aufwuchs. Die Landschaft der Grafschaft Bentheim beiderseits des Mittellaufs der Vechte, von Topografie (Abb. 2.1), Vegetation, Gewässer, Boden und Geologie wechselwirksam geprägt und erst seit historischer Zeit durch den Menschen verändert und durch den Bau der Burg Bentheim ca. 1020 n. Chr. (Abb. A) und die Anlage des Dorfes Uelsen schon seit der Bronzezeit (Abb. B) zeitlos gekrönt (beide im Bereich isolierter topografischer Hochgebiete gelegen, Bentheim auf der südlichen Hochlage in der Obergrafschaft, Uelsen auf der westlichen in der Niedergrafschaft), repräsentiert als Oberfläche nur den gegenwärtigen Zustand einer langen Kette von Entwicklungen, die ihren Ursprung in vergangenen geologischen Zeiträumen hat. Hinweise auf diese Entwicklung sind über viele Tiefenkilometer im Untergrund der Grafschaft verborgen und reichen mindestens 360 Millionen Jahre (Abk.: 360 Ma) zurück (Abb. 2.2, Tab. I).

Abb. A: Landschaft mit Burg Bentheim, ca.1652-1654, Gemälde von Jacob van Ruisdael (1628?-1682), 52 x 68 cm, Königliche Gemäldegalerie, Mauritshuis, Den Haag, NL.

In dieser Zeit ist das Gebiet der heutigen Grafschaft im Verbund mit den Nachbarregionen aus Äquatornähe via Kontinentaldrift in die heutigen Breiten verschoben worden und hat dabei ein bis zwei lang andauernde Meeresspiegelanstiege von ca. 200 m, in den durchwanderten Klimazonen unterschiedlichste sedimentäre und erosive Rahmenbedingungen sowie mehrere geotektonische Phasen miterlebt. Ergebnisse dieser Entwicklung werden unter anderem durch die über mehrere geologische Stockwerke komplex verteilten Erdöl- und Erdgasfelder vor allem in der Niedergrafschaft (Abb.2.3) charakterisiert, die zu den größeren Kohlenwasserstoffsystemen Niedersachsens gehören. Der wesentliche Teil des Erdöls wird aus dem im Untergrund weit verbreiteten porösen Unterkreide-Sandstein gefördert, aus dem auch die Burg Bentheim errichtet wurde. Die Komplexität der kleinräumigen Verteilung scheint im Vergleich zum restlichen Niedersachsen in der Grafschaft sehr hoch zu sein (Erdöl in Speichergesteinen der Unterkreide und des Malms, Erdgas in denen des Karbons, des Perms und der Trias), was aber in einer global-abstrakten Betrachtung einer Konzentration auf eben dieses geografische Beispiel nicht widersprechen dürfte. Der Landkreis nimmt damit in Norddeutschland eine Sonderrolle ein, an die, allgemein gesprochen, seine Bürger durchaus gewöhnt zu sein scheinen.

Abb. B: Bronzezeithof Uelsen, Quelle: Uelsen – Touristik.

Diese Komplexität und seine Deutung ist das zentrale Thema des vorliegenden Kapitels, das sich in einigen Teilen eng an eine frühere Arbeit des Verfassers anlehnt (Brink 2009b). Dazu wird notwendigerweise weit ausgeholt, werden Erdölexploration, die Varusschlacht, Würfelspiele, Lognormalverteilungen, Monte-Carlo Analysen, Entstehung der Erde, Evolution des Lebens, Ordnung und Organisation, Entstehung und Füllung sowie Modifikation von Sedimentbecken, Erdöl- und Erdgassysteme, Geophysik, der Mensch und seine Fragen zu einem persönlichen Gott sowie alttestamentliche Aussagen Hiobs zur Rohstoffsuche in einer integrativen Art und Weise teilweise fachsprachig bemüht und wird immer wieder versucht, die Grafschaft in den Kontext der Thematik einzubinden. Der Schlusssatz wird dann mit den Worten Caesars lauten: „Alea iacta est!“ Auch in der Grafschaft Bentheim.

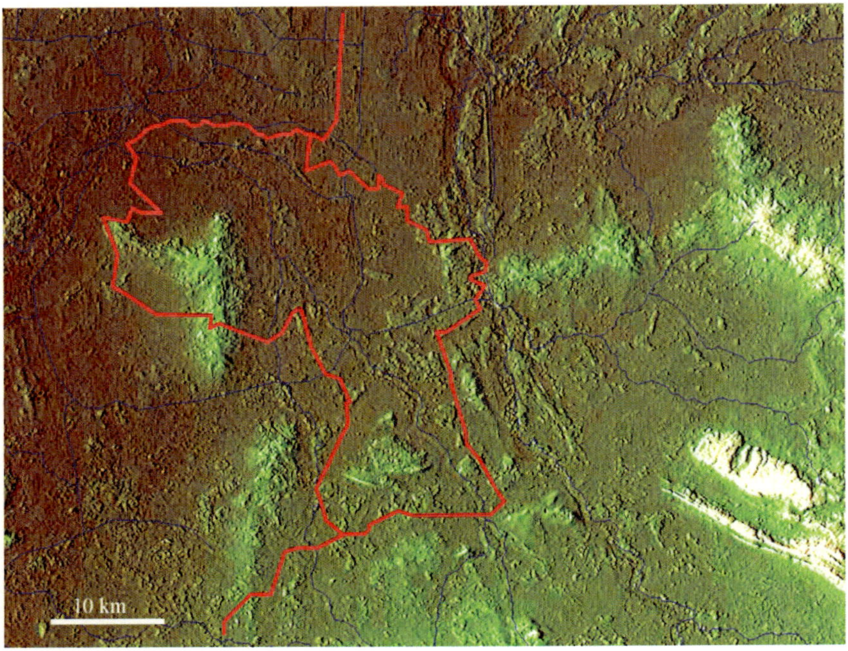

Abb.2.1 Topografie (SRTM-Mission Relief Map, NASA) der niedersächsischen Grafschaft Bentheim nördlich von Westfalen an der Grenze zu den Niederlanden (im Westen), nach Braxmeir (2011), grafisch modifiziert (Moorfarben: Niederungen, Waldfarben: Hochgebiete).

2.2 Ursprung Erdölexploration

Woher wissen wir, was in den vielen Millionen Jahren vor unserer Zeitrechnung in der Grafschaft passiert ist? Die Antworten dazu haben die geologischen und geophysikalischen Aufschlussmethoden im Rahmen der Erdöl- und Erdgassuche geliefert. Unglücklicherweise hatte diese Suche 1957 zu einem spektakulären Erdölausbruch in der Niedergrafschaft geführt, der aber nach kurzer Zeit unter Kontrolle gebracht werden konnte. Ein ähnliches wesentlich größeres Desaster im Golf von Mexiko hat uns 2010 wieder anschaulich die Augen dafür geöffnet, dass auch heute noch die Förderung von Erdöl ein ‚schmutziges' Geschäft sein kann. Die Naturwissenschaftler, Ingenieure und Techniker von British Petroleum und Halliburton muss es außerordentlich schmerzen, dass ihre Firmen eine große Umweltkatastrophe zu verantworten haben. Auch mancher nachdenkliche Tankstellenkunde wird sich sicherlich gefragt haben, ob sein Drang nach Bewegungsfreiheit und der damit verbundenen Schaffung eines Marktes für Erdölprodukte nicht ein klein wenig mitschuldig geworden ist. Dabei ist das Leck im Golf nicht die einzige ölbedingte Sünde, die unseren Planeten beutelt. Tankerhavarien, Abgase und CO_2-Ausstoß sowie terroristische Attacken und kriegerische Einsätze gegen Erdölinstallationen gehören ebenfalls dazu. Im Vergleich zu dem Segen allerdings, den das Erdöl den Menschen bringt, scheinen diese Sünden für die überwiegende Mehrheit der Bürger marginal und müssen eben in einer multipolaren Welt schweren Herzens erduldet werden, wenn sie wohl zu lindern, aber eben nicht zu verhindern sind.

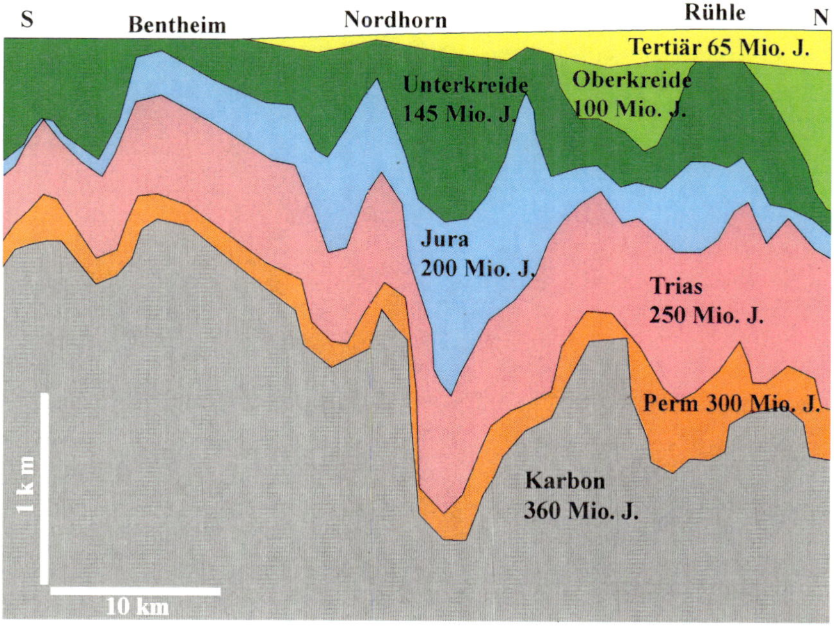

Abb. 2.2 Vereinfachter geologischer Nord-Süd-Schnitt durch die Grafschaft Bentheim ohne tektonische Störungen nach Baldschuhn et al. (2001). Für die geologischen Formationen ist das jeweilige Maximalalter angegeben. Karbon, Jura und Unterkreide enthalten Sedimente mit einem hohen Anteil organischer Materie (Kohle und ‚Schwarzschiefer' (modern: Schwarzpelit)) aus abgestorbenem Leben. Diese Sedimente bilden die Muttergesteine für Erdöl und Erdgas.

Äon	Ära (Zeitalter)	Periode	Epoche	Beginn ~ Ma
Phanerozoikum	Känozoikum	Quartär	Holozän	0,01
			Pleistozän	2
		Tertiär	Pliozän	5
			Miozän	23
			Oligozän	35
			Eozän	54
			Paläozän	65
	Mesozoikum	Kreide	Obere	100
			Untere	145
		Jura	Malm	156
			Dogger	178
			Lias	200
		Trias	Keuper	231
			Muschelkalk	244
			Buntsandstein	250
	Paläozoikum	Perm	Zechstein	258
			Rotliegend	300
		Karbon	Stefan	305
			Westfal	317
			Namur	327
			Dinant	360
		Devon		400
		Silur		440
		Ordovizium		500
		Kambrium		570
Proterozoikum				2500
Archaikum				3800
Hadaikum				4400+

Tabelle I. Vereinfachte Geologische Zeitskala zur besseren Zuordnung und zeitlichen Einordnung der im Text angegebenen Äonen, Ären, Perioden und Epochen (Ma = Millionen Jahre).

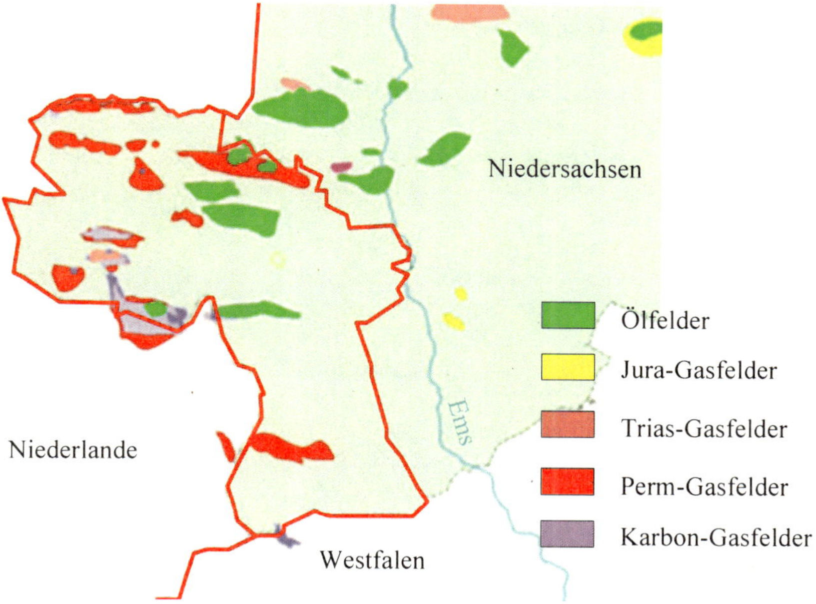

Abb. 2.3 Verteilung der Erdöl- und Erdgasfelder in der Grafschaft Bentheim und ihrer unmittelbaren Umgebung nach BEB (Brink 2003).

Der kontinuierlich wachsende Hunger der Welt nach Erdöl als Energieträger und als Basisprodukt für die chemische Veredelungsindustrie stellt immer höhere Anforderungen an die Produktion bekannter Erdölreserven und an die Exploration neuer Lagerstätten. Diese zu finden setzt voraus, dass sich vor allem die Geophysiker und Geologen in der global operierenden Erdölindustrie intensiv mit dem Untergrund der Erde befassen und dabei durch die extensive Datensammlung sozusagen als Abfallprodukt dieses Tuns Erkenntnisse über den Zustand und die Entwicklung unseres Heimatplaneten anhäufen, die einen wertvollen Beitrag zur Diskussion über Sein und Werden unseres kosmischen Lebensraumes und der naturphilosophischen und religiösen Fragestellungen liefern können. Dabei hat sich sicherlich in so manchem kreativen Kopf unter den Rohstoffexplorateuren eine tiefe Demut vor der Dimension des unbekannten ‚Wissens' und den Grenzen der menschlichen ‚Weisheit' entwickelt.

2.3 Würfelspiel des Lebens

Damit sich Erdöl- und Erdgasfelder wie die in der Grafschaft bilden können, müssen viele voneinander unabhängige Prozesse in einer bestimmten Reihenfolge in und auf der Erde ablaufen. Diese Prozesse setzen eine geologisch aktive Erde voraus, was nicht unbedingt selbstverständlich ist, zieht man die anderen Planeten unseres Sonnensystems zum Vergleich heran. Auch der Sterbeprozess irdischen Lebens ist ein wichtiger Bestandteil davon, liefert er doch das erforderliche Ausgangsmaterial. Damit Leben auf der Erde überhaupt einen Platz fand, mussten vielfältige Randbedingungen eingehalten werden, die unter anderem auch die elementare und molekulare Zusammensetzung und den Aufbau der Erde vom Kern bis zur äußeren Kruste mit der darüber liegenden Hydro- und Atmosphäre betreffen. Die unendliche Fülle all der erforderlichen Prozesse sowie ihrer genauen zeitlichen Abfolge lässt neben der Annahme, dass das Weltall nur so vor Leben wimmelt, durchaus auch die Vermutung zu, dass die Erde der einzige Planet im Universum ist, der mit dem Menschen eine intelligente Lebensform beherbergt (Ward und Brownlee 2001). Das aus der grafischen Lognormalität der Elemente natürlicher Systeme (logarithmisch abgebildeter Element-Rangwert über die sortierte linear dargestellte Element-Rangfolge) ableitbare im Hintergrund ablaufende „Würfelspiel" der Prozessparameter, wie es nachfolgend erläutert werden soll, scheint ein Ordnungsprinzip der Natur zu sein, ohne das die uns vorliegende ‚Schöpfung' nicht möglich gewesen wäre.

Das Würfelspiel des Lebens lässt sich auf vielfältige Art und Weise in der menschlichen Zivilisation wieder finden und bestätigt eine tiefgründige und dauerhafte Beziehung zwischen menschlichem Geist, der allgegenwärtigen Natur und der durch ordnende „Arbeit" erschaffenen Kultur.

Nachdem er mit seinen Truppen, gleich Piraten oder auch Wikingern, wie sie im Mittelalter entlang deutscher Flüsse brandschatzten, im Wesentlichen um der Reichtümer wegen ins keltische Gallien eingefallen war, ihm militärisch das Rückgrat gebrochen und es wie eine Spielbank geplündert hatte, überschritt Gaius Julius Caesar am 10. Januar 49 v. Chr. mit den Worten „Alea iacta est" den Rubikon trotz des bestehenden Verbotes (Abb. C), dass sich kein römischer Feldherr mit bewaffneten Truppen Rom nähern dürfe. Caesars berühmter Ausspruch bezieht sich einerseits auf die irreversible Gesetzesübertretung (der Würfel ist jetzt außerhalb jeglicher Kontrolle), andererseits auf die Risiken der Tat (der Würfel kann auf jede beliebige Seite fallen). Ihm war bewusst, dass er neben den geraubten keltischen Schätzen Glück brauchen würde, um seine Macht auszubauen und seine Gegner in Rom zu besiegen. So war die Wahl des Würfels als Symbol dafür klar und eindeutig. Sicherlich hat er seinem Erfolg im Vorfeld der Entscheidung eine

Abb. C: Cäsar (100-44 v. Chr.) überschreitet den Rubikon (49 v. Chr.), nach Liebig's Sammelbilder, 1938, modifiziert.

Wahrscheinlichkeit zugesprochen, die nicht gegen Null tendierte. Ob er sich vorher, wie unter den Römern üblich, auch eines Vorhersagerituals bedient hatte und himmlische Zeichen (Blitz und Donner) oder den Vogelflug ergründen oder sich aus den Eingeweiden von Opfertieren ein Orakel erstellen ließ, ist nicht überliefert.

Abb. D: Die Varusschlacht, Gemälde von Heino Lübben, 2009.

Vielleicht hat auch der römische Feldherr Publius Quinctilius Varus (47/46 v. Chr. – 9 n. Chr.) ähnlich gedacht, als er 9 n. Chr., also vor gut 2000 Jahren, mit einem Achtel des römischen Gesamtheeres gegen die Germanen in den Teutoburger Wald in die Schlacht zog (Abb. D) - zufälligerweise an einen Ort im Zentrum bedeutender geophysikalischer Potenzialfeldanomalien und nach den Maßstäben des römischen Imperiums nicht weit von der Grafschaft Bentheim entfernt -, in eine Schlacht von welthistorischer Bedeutung, da sich die Römer folgewirksam risikoreduzierter verhielten und gegen sie aufbegehrende Völker andernorts wie z. B. in Judäa, wo Varus früher als Berater des Königs Herodes gewirkt hatte, wegen größer gewordener Zuversicht riskanter auf das imperiale Desaster reagierten. Vielleicht dachten aber auch die unter sich zerstrittenen Germanen unter dem Cheruskerfürsten Arminius so (Abb. E), die sich ihres Erfolges ebenfalls nicht sicher sein konnten. Ob sie vorher ihre Priesterinnen, die unter den Germanen wegen ihrer ‚verlässlichen' Voraussagen großen Respekt genossen, um ein traditionelles Orakel gebeten hatten, ist unbekannt.

Abb. E: Arminius („Siegesschmaus der Cherusker", Grafik von Arthur Thiele, 1841 – 1919)

Die Kampf- und Risikobereitschaft der Germanen muss sehr hoch gewesen sein und war historischen Quellen zufolge auch Bestandteil ihrer Lebensart. Über ihre Würfelleidenschaft berichtet Tacitus (ca. 58 - 120) in Germania 24, dass sie *„dem Würfelspiel merkwürdigerweise in voller Nüchternheit huldigen, als wenn es sich um ein ernsthaftes Geschäft handelt. Dabei sind sie in Bezug auf Gewinn und Verlust von einer so blinden Leidenschaft besessen, dass sie, wenn sie alles andere verspielt haben, mit dem letzten entscheidenden Wurf um die Freiheit und ihren eigenen Leib kämpfen"*.

Diese Vorliebe zum Glückspiel scheint sich über Jahrhunderte kaum verändert zu haben, auch wenn von Nüchternheit manchmal keine Spur mehr war. Um 1220/30 heißt es dazu in der Carmina Burana (Kloster Benediktbeuern, Trinklied 196):

„Manche würfeln, manche saufen,
andre lärmen, schreien, raufen.
Derer, die ein Spiel begannen,
ziehet mancher nackt von dannen;
andere sich ein Wams gewinnen,
andre gehen im Sack von hinnen.
Keiner denkt der Todesstunde,
Bacchus gilt die Würfelrunde."

Auch in den heutigen modernen Zeiten werden spezielle Entscheidungen, z. B. in der Erdöl- und Erdgasexploration, mit den Regeln eines Würfelspiels vorbereitet, wenn die Abschätzung von Risiken gefordert ist und Wahrscheinlichkeiten vorhergesagt werden sollen. Dass dabei die eine oder andere Voraussage eher einem Orakel gleicht, liegt bei unzureichender geowissenschaftlicher Datenmenge und deren Analyse oft in der Natur der Sache.

Wenn der Mensch so gerne würfelt und dem Risiko und Zufall bis hin zum eigenen schmerzhaften Untergang huldigt, dies auch in der Kunst vielfach ihren Ausdruck gefunden hat und Las Vegas und Monte Carlo deswegen aufgeblüht sind, was signalisiert er damit? Reflektiert er dabei unbewusst über Prozesse in der Natur, die ihm möglicherweise sein Leben selbst und das der anderen sowie das der sozialen Umwelt als Würfelspiel erscheinen lassen? Zumindest findet sich diese Einstellung in manchem Sakralgebäude wie z. B. an der Klosterkirche von Cottbus symbolisiert (Abb. F).

Dem hat Albert Einstein (1879-1955) allerdings mit seinem berühmten Zitat widersprochen, dass Gott im Universum nicht würfelt. Albert Einstein war der Zufall zutiefst zuwider. Und doch gewann dieser in der Quantenphysik eine herausragende Bedeutung.

Für Einstein lag in den technischen Errungenschaften seiner Zeit *"die göttliche Neugier und der Spieltrieb des bastelnden und grübelnden Forschers, nicht minder die konstruktive Phantasie des technischen Erfinders"* verborgen. Sollte der Spieltrieb des Menschen, den wir bei Caesar, den Germanen und ihren Nachfahren und nun auch bei den Forschern vermuten können, ein Ausdruck der Natur sein, so dürften auf allen Skalen der Natur ebenfalls würfelspielähnliche Prozesse unter Wahrung der Naturgesetze abgelaufen sein. Das könnte dann zu den Aussagen verleiten, dass Gott durchaus Gefallen am Würfelspiel hat, Würfelspiele eventuell sogar Säulen seiner Schöpfung bedeuten, Würfelabbildungen in Kirchen daher nicht deplatziert sind und unsere mögliche ‚zivilisatorische' Einsamkeit im Weltall – auf einem wahrscheinlich einzigartigen Planeten ‚spielerisch' lebend – besser einzuordnen sowie philosophisch und seelisch zu verkraften ist, zumal die Erde die Hälfte ihrer Zeit sehr wahrscheinlich schon hinter sich hat.

Abb. F: Würfelabbildung aus dem Jahre 1303 an der Klosterkirche in Cottbus.

Wenden wir den Blick aber ab von dem „großen Wurf", unserem Blauen Planeten, der sich im unendlich komplexen Universum, nach vorangegangenem zeitintensivem Ausbrüten von schwereren Elementen innerhalb explodierender Protosterne hin bis zum erdgeschichtlich bedeutsamen Uran, in einer geeigneten Galaxis bei geeigneter Sonne und einem geeignetem Abstand zu ihr, bei geeigneter Größe und geeigneter Zusammensetzung und Wärmegeschichte, unter Einbindung der biologischen Evolution und unter Einfluss eines großen Mondes, dessen außergewöhnliche Entstehung eng mit der der Erde verbunden ist, entlang einer großen geologischen Zeitachse ‚spielerisch' lebensfördernd selbst reguliert sowie periodisch und episodisch verändert hat. Kehren wir den spielversessenen und kampfbereiten Germanen, die sich der von ihnen nicht akzeptierbaren römischen Ordnung vehement widersetzten und sich in einer halb vergessenen Schlacht ca. 235 n. Chr. am Harzhorn westlich des Harzes noch einmal einer überlegenen römischen Streitmacht stellen mussten (Geschwinde et al. 2009), sowie Julius Caesar und Albert Einstein den Rücken zu und richten unser Augenmerk – dabei vorher einen erforderlichen Abstecher in die Welt des Lognormalen und multiplikativer Systeme nehmend – auf das geowissenschaftliche Arbeitsfeld der schon oben erwähnten Erdöl- und Erdgasexploration unter besonderer Berücksichtigung der Geophysik und auf den Ordnungscharakter der erdgeschichtlichen Würfelspiele.

2.4 Lognormalverteilungen

Natürliche, miteinander vergleichbare Objekte werden häufig nach messbaren Eigenschaften sortiert und damit einer ‚Rangfolge' unterworfen. Geologische Formen an der Erdoberfläche, wie landschaftsprägende Flusssysteme (Abb. 2.4), global verteilte Inseln (Abb. 2.5), Sedimentbecken oder auch Impaktkrater, die jeweils einem einheitlichen System zugeordnet werden können, bilden in dieser Betrachtungsweise keine Ausnahme. Sie weisen wie viele andere Systeme der unbelebten aber auch belebten Natur, wie auch Systeme im sozialen Bereich (z. B. wissenschaftliche Gesellschaften und ihre Mitglieder) eine Normal- (Gauß-) oder Lognormalverteilung ihrer Einzelelemente auf, wenn man jedes System in Klassifizierungseinheiten untergliedert und die Anzahl pro Einheit über die Klassifizierungsgröße (normal oder logarithmisch) grafisch aufträgt (siehe u. a. Megill 1977).

In der kumulativen Darstellung (Integration) wird die Gaußsche Glockenkurve im Zentralbereich in etwa linear. Bei einer zu geringen Anzahl von Elementen wird die Auswahl von und die Zuordnung zu Klassifizierungseinheiten schwierig, wenn nicht sogar unmöglich.

Sortiert man in einem solchen Fall die zu einem natürlichen System gehörigen Einzelelemente nach einem ihrer Messwerte und trägt die Logarithmen dieser Werte auf, wird sehr oft eine lineare Beziehung zwischen logarithmischer Größe und der Position innerhalb der Reihenfolge deutbar (Exponentialfaktor!) (Abb.2.4 und Abb.2.5).

Diese Darstellung entspricht in etwa der kumulativen (integralen) Lognormalverteilung. Die statistischen Größen dieser Integralbeziehung wie Standardabweichung und die P15- bzw. P85-Wahrscheinlichkeitswerte stehen in einer mathematischen Beziehung zum ableitbaren Exponentialfaktor. Der Quotient aus Standardabweichung und der von ihr umfassten Anzahl der Einzelelemente ist dem Exponentialfaktor näherungsweise proportional. Beispiele für Systeme mit einer relativ geringen Anzahl von Elementen, deren Einzelwerte über mehrere Größenordnungen streuen, sind viele Kohlenwasserstoffsysteme mit ihren Erdöl- und Erdgasfeldern in den Sedimentbecken der Erde. Die Verteilungen von Feldgrößen dieser Systeme verhalten sich überwiegend lognormal. Darauf wird weiter unten intensiv eingegangen.

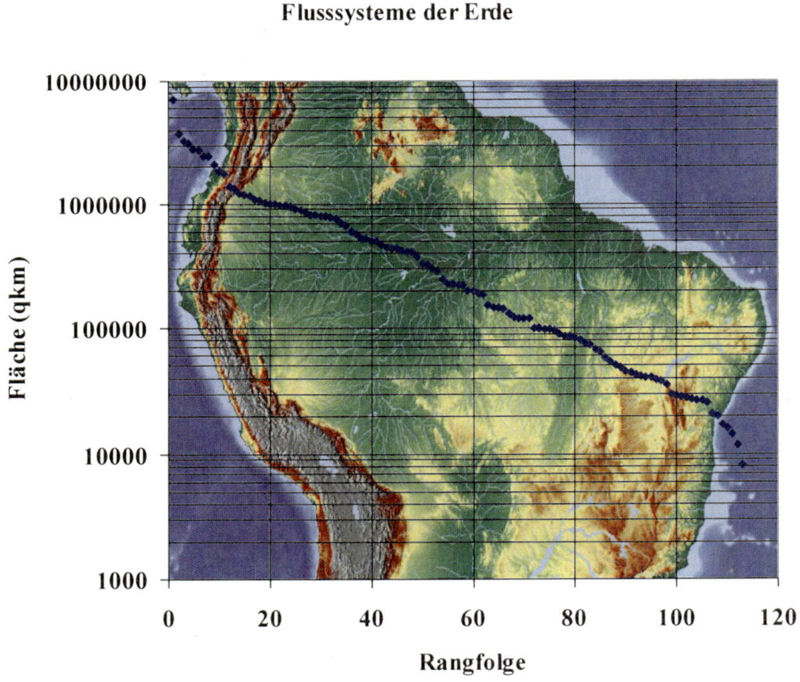

Abb. 2.4 Rangfolge der größten Flusssysteme der Erde nach der Fläche ihres Einzugsgebietes (Hintergrund: http://www.maps-for-free.com). Das Flusssystem der Vechte in der Grafschaft Bentheim ist kein Bestandteil dieser Darstellung, da es vernachlässigbar klein ist.

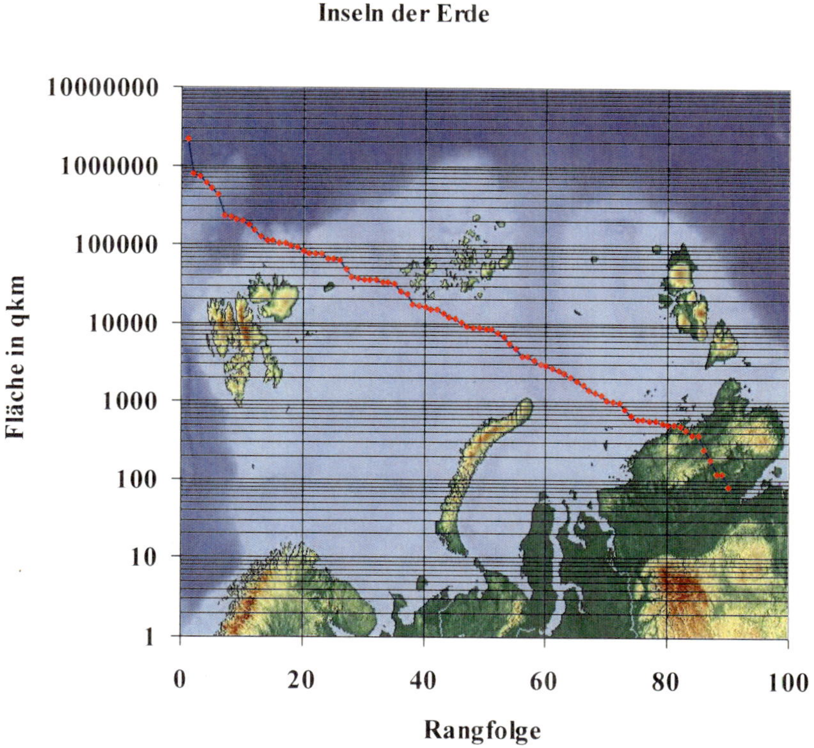

Abb. 2.5 Rangfolge der größten Inseln der Erde nach ihrer Fläche (Hintergrund: http://www.maps-for-free.com).

2.5 Monte-Carlo Analyse multiplikativer Systeme

Jede einzelne zu einem Kohlenwasserstoffsystem gehörige Öl- bzw. Gasakkumulation wird offensichtlich durch seine Reserven charakterisiert. Diese Reserven werden multiplikativ aus der Strukturfläche, der Reservoirmächtigkeit, der Strukturhöhe und den zugehörigen geometrischen Korrekturfaktoren, dem Nettoanteil des Reservoirs, seiner Porosität, der Wassersättigung und den Temperatur und Druck abhängigen Volumenfaktoren der gespeicherten Kohlenwasserstoffe bestimmt. In der Regel sind die meisten Parameter voneinander unabhängig und unterliegen einer gewissen Streubreite. Diese Streubreiten lassen nur Annäherungen in der Berechnung der genauen

Reserven zu. Werden die Reserven eines Prospektes abgeschätzt, werden über Zufallsgeneratoren die abgeschätzten Streubreiten der Einzelparameter simuliert, dann Zufallsprodukte für Reserven generiert und aus der Häufigkeitsverteilung der Ergebnisse ein repräsentativer Mittelwert bestimmt.

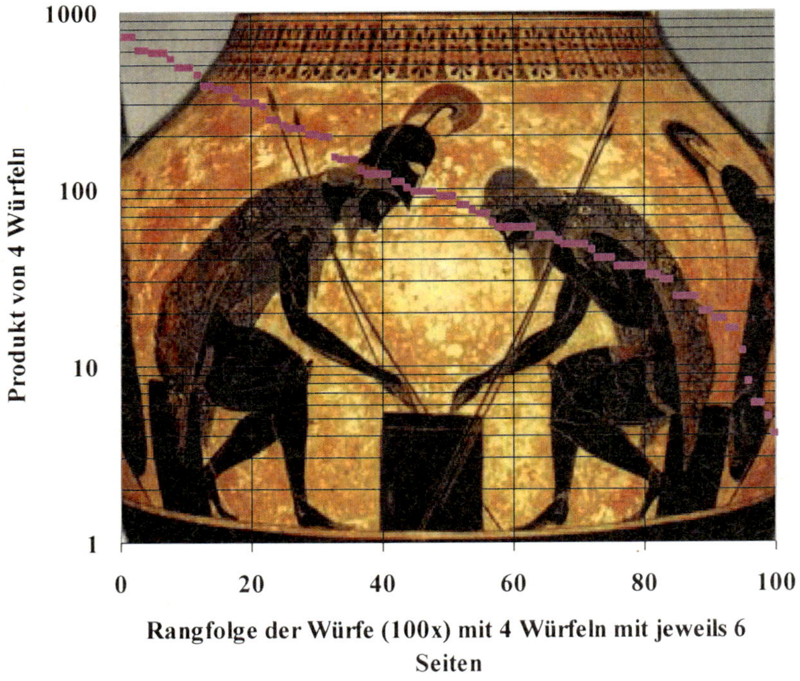

Abb. 2.6 Das Lognormale des Würfelspiels (Hintergrund: Achilles und Ajax beim Würfelspiel von Exekias, griechische Amphore ca. 540 v. Chr., Vatikan Museum, Rom).

Die Verteilung der Zufallsprodukte lässt sich nun einfach über das Ergebnis eines Würfelspiels approximieren (‚Monte-Carlo' Methode), wobei jeder Würfel einen unabhängigen Parameter darstellt. Wirft man z. B. 100mal mit 4 Würfeln, die jeweils 6 Flächen aufweisen und multipliziert von jedem Wurf die 4 Zahlen, so erhält man im Endeffekt in der gewählten Normaldarstellung, d. h. sortierte Werte über die Rangfolge, eine durch einen Alpha-Faktor determinierte exponentiell abklingende Kurve und in einer lognormalen Darstellung, bei der auf der y-Achse die Logarithmen der Exponentialwerte angegeben sind, das gewohnte Bild einer grafisch linearen Beziehung (Abb. 2.6). Wiederholt man den Versuch mit Würfeln, die eine höhere Flächenzahl aufweisen, werden die Einzelprodukte größer, der lineare Trend bleibt aber grundsätzlich mit gleicher Neigung in der lognormalen Darstellung erhalten.

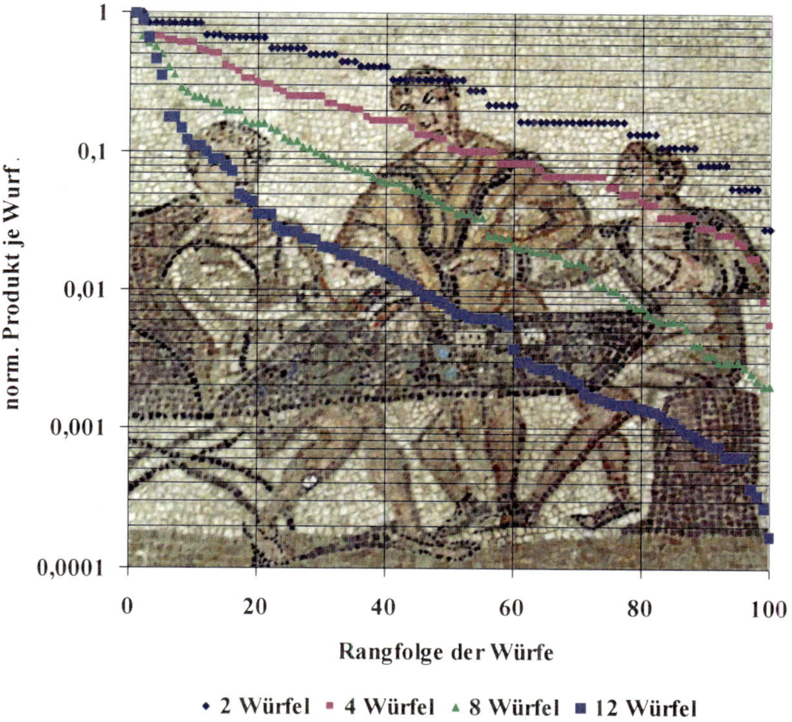

Abb. 2.7 Würfelspiel mit variabler Würfelzahl (Hintergrund: 3 Männer beim Würfelspiel, römisches Mosaik aus Tunesien).

Das ändert sich, wenn man die Anzahl der Würfel variiert. Mit größer werdender Würfelzahl steigt die Neigung in der gewählten Darstellung der Lognormalverteilung und damit in der mathematischen Betrachtungsweise der Exponentialfaktor Alpha (Abb. 2.7). Da bei 100 Würfen mit 50 oder mehr Würfeln Wiederholungen (Abb. 2.8) wegen statistischer Unterrepräsentanz stark voneinander abweichen, wird der lineare Anfangsteil der Kurve für höhere Würfelzahlen extrapoliert. Da das angewandte Würfelspiel für jede Flächenzahl die gleiche Wahrscheinlichkeit und damit eine Rechteckverteilung liefert, in der Natur aber für Einzelparameter eher die Gaußsche Glockenkurve zutrifft, würde ein entsprechend modifizierter Würfelversuch zeigen, dass bei einer Änderung von Rechteck- in Gaußverteilung die Neigung in der gewählten lognormalen Darstellung abnimmt. Um bei einer Gaußverteilung der Einzelparameter eine größere Neigung zu verwirklichen, muss in so einem Fall die Anzahl der Parameter (Würfel) erhöht werden. Die Parameter, die ein Einzelobjekt bestimmen, bestimmen auch das aus diesen Einzelobjekten zusammengesetzte Gesamtsystem und dessen Verteilungskurve. Feldgrößenverteilungen müssten also auch etwas über die sie beherbergenden Sedimentbecken aussagen.

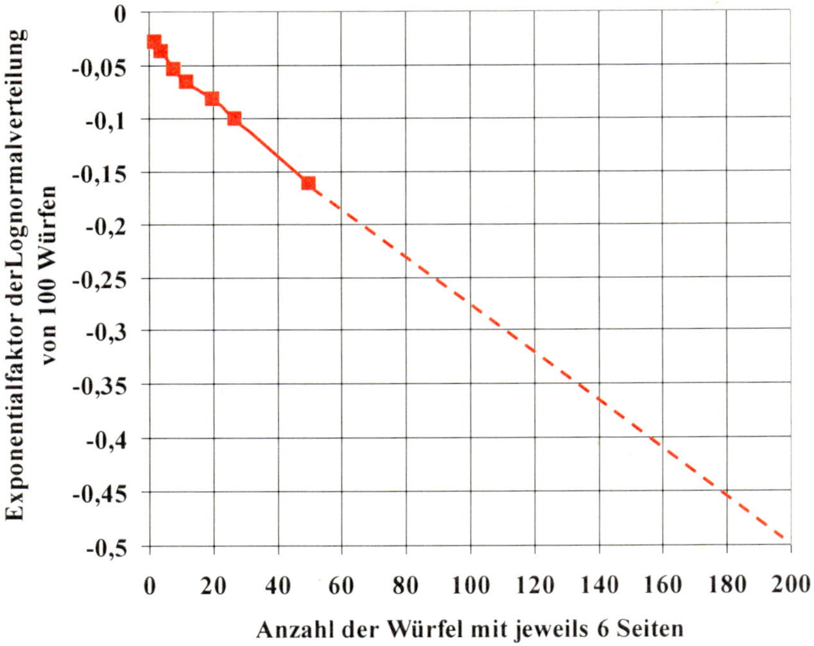

Abb. 2.8 Der Exponentialfaktor einer Lognormalverteilung als Funktion der Würfel- bzw. Parameteranzahl.

2.6 Ordnung schaffende geodynamische Würfelspiele

An der Erdoberfläche erleben wir hautnah mit, wie die Natur Ordnung und Unordnung schafft. Wie sie einerseits aufbaut und an anderer Stelle durch ihre Gewalten zerstört. Auch die Entstehung von Erdöl ist davon betroffen. Ihre Randbedingungen sind die geophysikalische, geologische, biologische und chemische Vorgeschichte. Damit sich Erdölfelder bilden können, muss für jede

Randbedingung durch Energiezufuhr ihr Ordnungscharakter zunehmen, bzw. salopp gesprochen in Anlehnung an die Thermodynamik die Entropie des Gesamtsystems abnehmen. Die Energiezufuhr als Folge einwirkender Kräfte erzeugt wie in der Grafschaft im Medium des Untergrundes bizarre tektonische Strukturen (Abb. 2), was auf den ersten Blick als Unordnung aufgefasst werden kann. Es ist aber gegenüber einem ungestörten Medium komplexer aufgebaut und entspricht damit einem höheren Ordnungszustand. Durch die Energiezufuhr entsteht unter Umständen eine wassergefüllte topografische Senke, die die Ausgangssituation für eine nachfolgende geologische Entwicklung bildet. Andererseits kann zugeführte Energie auch Gesteinsformationen zu Gebirgen auftürmen, die dann wieder über eine stete Zufuhr von Sonnen-, Wind- und Regenenergie der Verwitterung ausgesetzt sind. Die aus dem Gesteinsgemisch der Gebirge herausgelösten mineralischen Körner werden durch Flusssysteme, Winde und Gletscher unter Zufuhr von Transportenergie in das geophysikalisch vorbereitete Becken befördert. Sedimentationsbedingungen sorgen im Becken für eine Sortierung des Fördergutes, z. B. in Sande und Tone. Aus einem Gemisch entstehen so durch Energiezufuhr örtlich und zeitlich getrennte Medien unterschiedlichster Zusammensetzung. Auch hier wird aus Unordnung Ordnung geschaffen, wird die Entropie verringert. Durch miteinander verzahnte geologische und geophysikalische Energieflüsse wird die Füllung des Beckens zu einem komplexen System sortierter Materialien und bizarrer Strukturen. Ein Abbild dieser Verhältnisse stellt die Erdoberfläche dar, die stetigen Änderungen unterworfen ist und das von ihr abhängige Leben zu immer neuen Anpassungen zwingt. Sie nimmt damit steuernd und regelnd auf die Weiterentwicklung des Lebens Einfluss, eine Entwicklung, die das Leben in immer höhere Ordnungszustände treibt, ohne gleich den niedrigeren Ordnungszuständen die Lebensgrundlage zu nehmen. Höhere Ordnungszustände bedeuten größere Komplexität und ermöglichen dem Leben die Eroberung immer weiterer Räume auf der Erdoberfläche, u. a. auch die des beschriebenen Beckens. Die Entfaltung des Lebens im Becken ist nur eine Frage der Zeit. Die Menge ihrer produzierten Biomasse hängt u. a. von der Zufuhr von Sonnenenergie ab. Die endgültige Ablagerung abgestorbenen Lebens, z. B. in Tonen, ist abhängig von der gleichzeitigen Sortierung im Sedimentationsfluss. So folgt als Voraussetzung für die Bildung von Erdölmuttergestein die Entropieabnahme in den drei sich zum Teil gegenseitig beeinflussenden Randbedingungen. Durch kontinuierliches Absinken der Beckenfüllung, intern wie extern angeregt, gerät das Muttergestein in Bereiche höheren Druckes und höherer Temperatur. Dieser Energiezufluss sorgt u. a. für die chemische Aufbereitung der begrabenen Biomasse und nachfolgender Sortierung (als höherer Ordnungszustand) in Restmasse und die Kohlenwasserstoffe (KW) Erdöl und Erdgas. Die Kohlenwasserstoffe migrieren in die durch Energiezufuhr sortierten und strukturierten lognormal verteilten Fallen. Gebildet wird eine Erdölbzw. Erdgasfalle demnach in einem Entropieminimum der Erdkruste als Ausdruck des Trends nach höherer Ordnung, wie er für die Erde typisch zu sein scheint, im Gegensatz zu der vieler Nachbarplaneten samt ihrer Monde. Alle diese würfelspielartigen Prozesse haben auch in der Grafschaft seit mindestens 360 Millionen Jahren gewirkt. Ihre geodynamischen Abläufe lassen sich in Becken bildende Tektonik, Becken füllende Sedimentation und Becken modifizierende Tektonik als Untermengen untergliedern, die jede für sich eigene Ordnungsregeln aufweisen. Auf diese Abläufe wird im Hinblick auf das die Grafschaft umfassende Norddeutsche Becken (NDB) im Folgenden kurz und exemplarisch eingegangen.

2.7 Becken bildende Tektonik des Norddeutschen Beckens

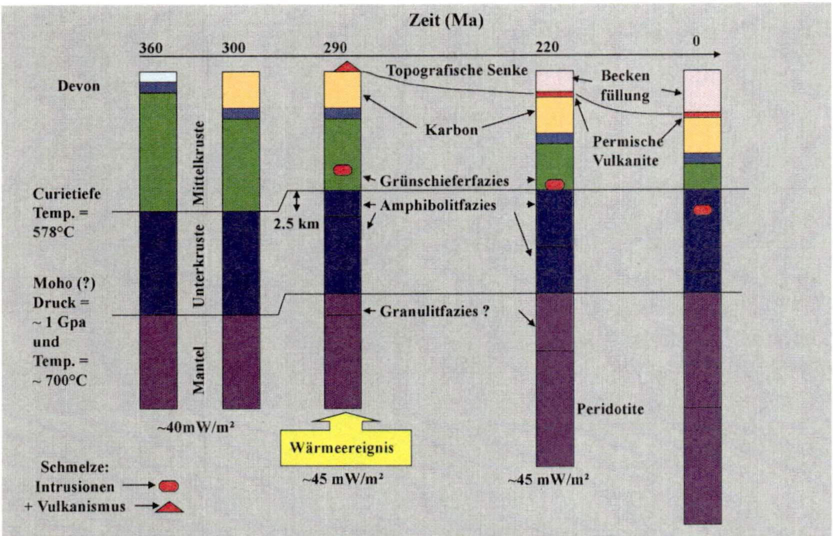

$$Subsidenz = \Sigma S_n = a\,(1 + b + b^2 + b^3 + \ldots b^n) \sim S^* e^{-\alpha t}$$

a = Funktion des Volumenreduktionskoeffizienten und der Wärmeflusszunahme
b = Funktion des Volumenreduktionskoeffizienten und der krustalen gesteinsdichten
n = normalisierte Zeit, S_n = Subsidenzschritt, S^* = finale Subsidenz t = Zeit, α = exponentiaeller Subsidenzfaktor

Abb. 2.9 Beziehung zwischen Metamorphose in der Unterkruste und Subsidenzprozess in einer jungen (aggregierten) Kruste unter Einfluss einer Wärmeanomalie (Brink 2005a, b).

Das Norddeutsche Becken ist der zentrale Teil des von England bis Polen reichenden Südlichen Permbeckens und liegt in einem Gebiet an der Südflanke des baltischen Schildes, das seit dem späten Proterozoikum vor ca. 700 Millionen Jahren („Millionen Jahre“ werden im Folgenden häufig mit „Ma“ abgekürzt) eine großräumige geodynamische Synklinale (Senkungsraum) ist. Dieser lang andauernde geodynamische Prozess wurde episodisch von Gebirgsbildungsphasen unterbrochen, die Ausdruck plattentektonischer Aktivitäten in Verbindung mit Kollisionen von Kontinenten, Terranen (Krustenblöcken) und Mikroplatten sind. In phanerozoischen Zeiten seit etwa 570 Millionen Jahren sind wichtige orogene Phasen, die in die Entwicklung einer aggregierten Kruste unter Norddeutschland mündeten, die kaledonische (ungefähr vor 420 Ma) und variszische (ungefähr vor 300 Ma) Gebirgsbildung.

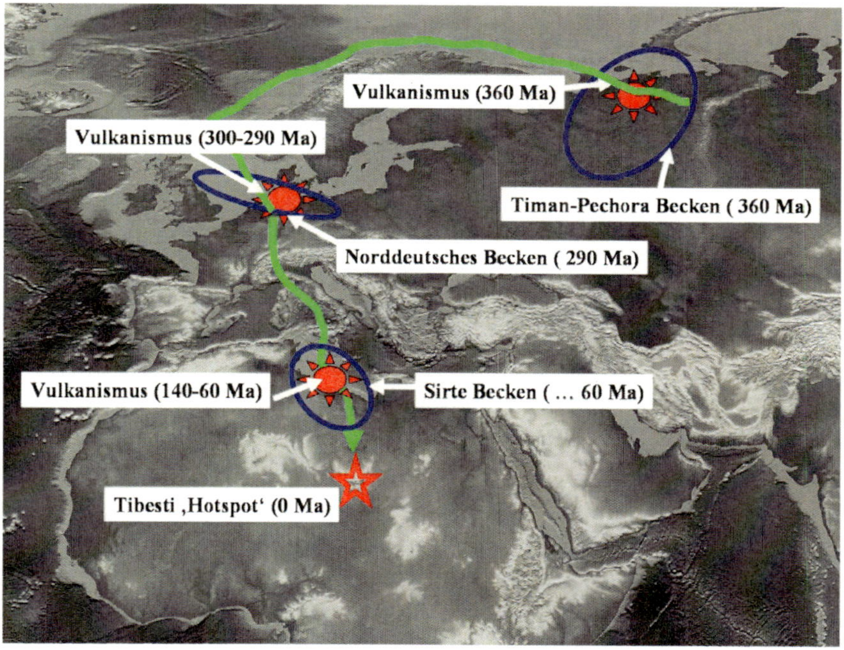

Abb. 2.10 Trajektorie des (stabilen) Tibesti Hotspots auf „gedrifteten“ Kontinentalplatten (heutige Projektion) während des Phanerozoikums. Der zugehörige „Mantelplume“ ist möglicherweise für die Bildung einiger KW-führender Sedimentbecken verantwortlich. Diese sind im Devon das Timan-Pechora Becken in Russland, im Perm das Norddeutsche Becken, und im Jura-Tertiär das Sirte Becken in Nord Afrika (Brink 2010), Hintergrundkarte: NASA Topografie.

Diese Kruste wurde durch magmatische Intrusionen und vulkanische Extrusionen zu Beginn des Perms vor ca. 300 Ma nachhaltig verändert. Infolge des ursächlichen thermischen Ereignisses wurden höchstwahrscheinlich die Gesteine der Unterkruste zusätzlich metamorphisiert, dabei ihre Dichte vergrößert sowie ihr Volumen verringert. Das sich verringernde Volumen führte dann an der Erdoberfläche zur Ausbildung einer topografischen Senke, aus der sich in den folgenden Millionen Jahren durch die Auflast der die Senke füllenden Sedimente und die weitere Metamorphose in der Unterkruste das eigentliche Norddeutsche Becken bildete (Abb. 2.9). Die thermische Anomalie, die im Perm die Kruste unter Norddeutschland veränderte, kann spekulativ mit der Spur eines zu einem „Mantelplume" gehörenden magmatischen „Hotspot" verknüpft werden. Dieser „Mantelplume" ist von der Kern-Mantel-Grenze in ca. 3000 km Tiefe aufgestiegen und deutet sich heute als Tibesti-„Hotspot" in Nordafrika an (Abb. 2.10). Es soll hier aber nicht unterschlagen werden, dass noch verschiedene andere Beckenbildungsmodelle wissenschaftlich fundiert diskutiert werden (siehe dazu u. a. die Arbeiten von McKenzie 1978 und Wernicke 1981, die viele dieser Modelle zur Grundlage haben, und van Wees et al. 2000 speziell für das Südliche Permbecken im Zentrum Europas).

2.8 Becken füllende Sedimentation des Norddeutschen Beckens

In den sedimentären Füllungen des Norddeutschen Beckens und der darunter liegenden variszischen Vortiefe ist die geologische Geschichte auch der Grafschaft seit dem Devon mit Perioden mariner und kontinentaler Umweltbedingungen gespeichert (Abb.2.11). Die Füllung dieser zwei übereinander liegenden sedimentären Becken wurde hauptsächlich durch globale Meeresspiegel- und Gebirgsbildungsvariationen (Abb. 2.12) geregelt, die vermutlich unter Einfluss des Mondes zu einem Rückkopplungssystem geodynamischer Zyklen mit einer Periodizität von ungefähr 300 Millionen Jahren gehören (Brink 2006):

(1) Im Devon und dem frühen Karbon, als sich das Gebiet südlich des Äquators befand (Scotese, 1994, Golonka, 2000), wurden im Wesentlichen marine Karbonate und „Schwarzschiefer" mit Erdöl- und Erdgaspotenzial deponiert.

(2) Diese wurden im späten Karbon von kontinentalen und deltaischen klastischen Sedimenten, einschließlich westfälischer Kohlen als spätere Erdgasmuttergesteine, und darauf folgend in Perm und Trias zusätzlich durch Evaporite abgelöst, als sich das Norddeutsche Becken in einer nördlichen äquatorialen Position befand.

(3) In Jura und Kreide lag das Norddeutsche Becken deutlich nördlich vom Äquator und marine Bedingungen herrschten vor.

(4) Mit dem Beginn des Tertiärs kehrte das Sedimentationssystem wieder zu kontinentalen und deltaischen Ablagerungen zurück.

Die geodynamischen phanerozoischen Zyklen werden kollateral mit kürzeren Zyklen und Sequenzen moduliert, die teilweise auch durch kosmische Prozesse kontrolliert werden. Als Beispiel für kurzperiodische Zyklen können aeolische

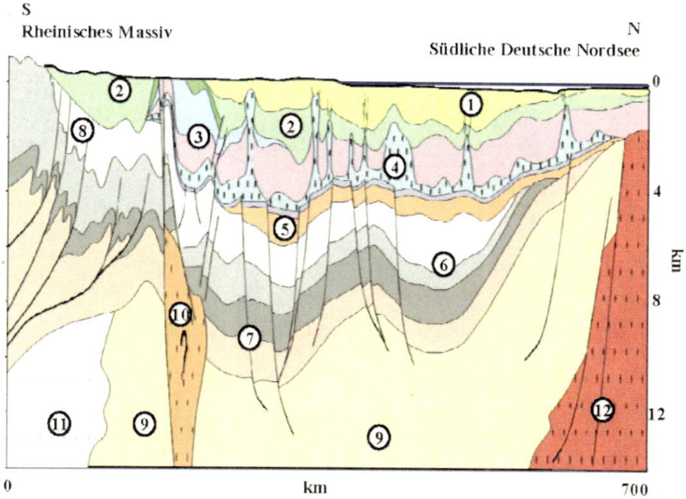

Abb. 2.11 Generalisierter geotektonischer Schnitt durch das Norddeutsche Becken vom Rheinischen Massiv im Süden bis zum Ringköping-Fünen-Hoch im Norden, modifiziert nach Ziegler, 1990. 1: Tertiär 2: Oberkreide 3: Trias bis Unterkreide 4: Oberes Perm 5: Unteres Perm 6: Oberkarbon 7: Devon bis Unterkarbon 8: Rheinisches Massiv (Variszisches Gebirge) 9: Kaledonisches Grundgebirge 10: spekulative Intrusion, Bramscher Massiv; 11: Rhenoherzynisches Grundgebirge; 12: Ringköping-Fünen Hoch, Präkambrisches Grundgebirge.

Ablagerungen des unteren Perms (Rotliegend) dienen, die ein wichtiges Reservoirgestein im Norddeutschen Becken darstellen. Diese Ablagerungen modellierend und sie mit heutigen Sedimentationsprozessen vergleichend, konnten Hern et al. (2001) bestätigen, dass die wichtigsten Parameter der sedimentären Umweltbedingungen der Niederschlag, der die Sedimentation in feuchten Zeiten kontrolliert, und die Windgeschwindigkeit, die Sedimentation und Erosion in trockenen Zeiten kontrolliert, sind. Niederschlags- und Windvariationen sind abhängig von sich verändernden Vergletscherungen der Polargebiete, die vorwiegend von bedeutenden orbitalen Zyklen beeinflusst werden. Diese sind die Erdbahnparameter (Abb. 2.13) Exzentrizität mit Periodizitäten von 100 ka (ka = 1 000 Jahre) und 400 ka, die Obliquität mit 40 ka und die Präzession mit 19 ka, beziehungsweise 23 ka (Milancovic-Zyklen). Während des Perms verursachten Ausdehnung und Rückzug polarer Eiskappen Verschiebungen der Klimagürtel der Erde.

Abb. 2.12 Geodynamische Zyklen: z. B. Meeresspiegelschwankungen (geglättet), die über die Gezeitenkräfte die Erdrotation beeinflussen, sowie die Variationen von Phasen der Gebirgsbildungen, deren subsequente Erosion zu zeitverzögerten Füllungen sedimentärer Becken beitragen (Brink 2006).

Bei einem Wachstum der Eiskappe zogen sich die Klimagürtel zusammen, was eine Zunahme der durchschnittlichen Windgeschwindigkeit in den Passatwindzonen der Erde zur Folge hatte. Höhere Windgeschwindigkeiten förderten daraufhin die Erosion. Die sieben bis acht Millionen Jahre lange Epoche des Zechsteins (Oberes Perm), in der ein wichtiges Reservoirgestein in der Grafschaft Bentheim innerhalb einer systematischen Ordnung abgelagert wurde, wird durch sieben Zyklen und viele untergeordnete Sequenzen charakterisiert (siehe u. a. Strohmenger und Strauss, 1996). Die Dauer der Zyklen nimmt im Laufe der Zeit von Zyklus Z1 bis Z7 ab: ca. 2 Ma für Z1 (Ma = 1 000 000 Jahre), ca. 1.5 Ma jeweils für Z2 und Z3, und ungefähr 0.5 Ma jeweils für Z4 bis Z7 (Stratigrafische Tabelle von Deutschland, STD 2002). Diese

Periodizitäten stellen Niederfrequenzmodulationen der Milankovic-Zyklen dar und repräsentieren deshalb ebenfalls kosmische Ordnungsfaktoren für Klima und Sedimentation. Zyklische astronomische Ursachen für Klimaschwankungen mit ähnlichen Periodizitäten wie in den glazio-eustatischen Meeresspiegelvariationen des Zechsteinmeeres finden sich auch in anderen phanerozoischen Epochen, z. B. in der des Miozäns (Stothers 1987, Beaufort 1994).

Für die Lebensspanne eines einzelnen Menschen haben diese Zyklen nur eine untergeordnete Bedeutung. Er muss sich in erster Linie auf jahreszeitliche Wechsel einstellen (Abb. G).

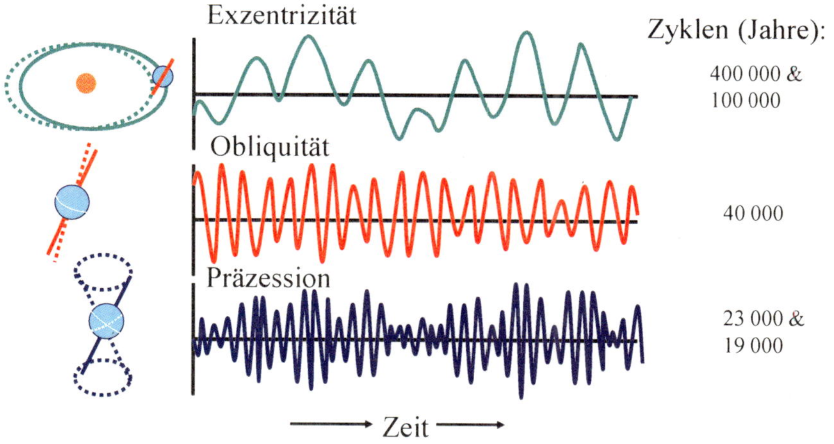

Abb. 2.13 Bedeutende Orbitalzyklen (Milancovic Zyklen) mit geologischer Konsequenz durch die Klimavariationen der Erde (nach universe-review.ca/F09-earth.htm).

Abb. G: Himmelsscheibe von Nebra, bronzezeitliche Vorlage zur Vorhersage jährlich wiederkehrender astronomischer Ereignisse, die für Aussaat und Ernte wichtig waren, inklusive Schwert aus derselben Fundstelle, www.lda-lsa.de/himmelsscheibe_von_nebra/ , Gemälde von Heino Lübben, 2008.

2.9 Becken modifizierende Tektonik des Norddeutschen Beckens

Im Norddeutschen Becken haben sich extensionale und kompressionale tektonische Kräfte, teilweise mit einem transtensionalen Regime, abgewechselt und dabei Verwerfungen, Blattverschiebungen, Überschiebungen, Faltungen, Halokinese und Inversion verursacht. Häufig beeinflussten diese Kräfte das gleiche Gebiet immer wieder, was dann zu einem sehr komplexen strukturellen Muster innerhalb der sedimentären Erdschichten führte. Ganz oft schien die abgelagerte Gesteinssäule ein „Gedächtnis" zu haben, das Einfluss auf die Entwicklung nachfolgender geologischer Ereignisse nahm. Dies bedeutet, dass geologische Anomalien innerhalb jüngerer Schichten Vorgänger in Anomalien älterer Schichten hatten. Ein Beispiel dafür ist die Entwicklung des Mesozoischen Niedersächsischen Beckens als Untersystem des Norddeutschen Beckens mit der Grafschaft am westlichen Ende, das dem Beckenzentrum der variszischen Vorlandsenke (Abb. 2.14) des ausgehenden Westfals (Oberkarbon) aufliegt und eine postulierte oberkreidezeitliche mafische (gabbroide) Intrusion beherbergen soll.

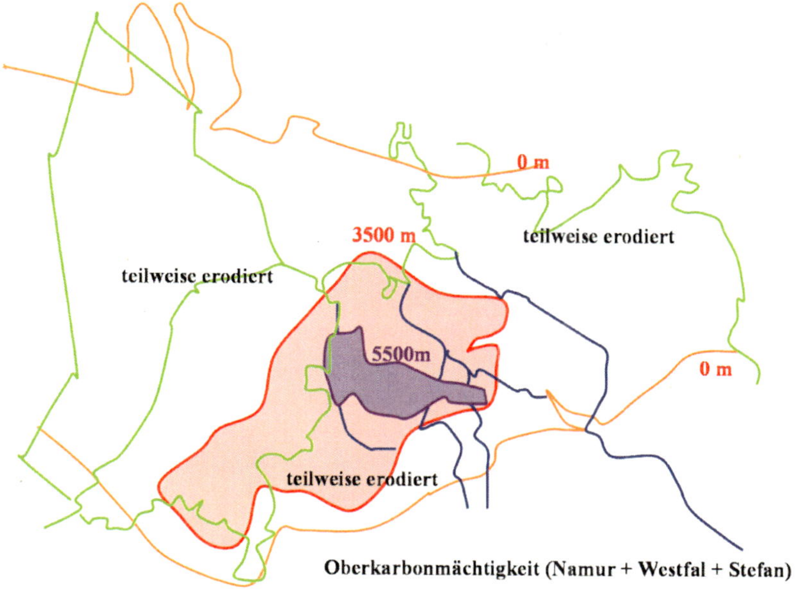

Abb. 2.14 Mächtigkeiten des Oberkarbons (Namur + Westfal + Stefan) in Norddeutschland und den Niederlanden mit dem Zentrum genau dort, wo sich später das Invertierte Niedersächsische Becken entwickelte, Brink 2010.

Dieses Becken wurde seit der Oberkreide invertiert, in Folge dessen der

Bentheimer Sandstein lokal aus größeren Tiefen an die Oberfläche gehoben wurde. Während der Inversion wurden die emporgehobenen Gesteine überwiegend erodiert. Möglicherweise sind auf diese Weise größere Mengen von Gesteinsfragmenten aus der Obergrafschaft über eine Proto-Vechte oder Proto-Ems in das Nordseebecken transportiert und dort zusammen mit erodiertem Gesteinsschutt aus Skandinavien und vom östlichen Teil des invertierten Niedersächsischen Beckens bis hin zum Harz in einem mächtigen sogenannten „Eridanos"-Delta im Jungmiozän (vor ca. 12 bis 5 Millionen Jahren) sedimentiert worden (Abb. 2.15, Overeem et al. 2001 und Abb. 2.16 nach Krawczyk et al. 2008). Als Namensgeber des Deltasystems dient der Flussgott Eridanos, der nach der griechischen Mythologie der Sohn von Oceanus und Tethys ist und als Synonym für einen Fluss im Westen (der Herodotschen Erdscheibe) gilt. Tethys wird heute als geologischer Begriff für eine Art Proto-Mittelmeer genutzt.

Die Salzstöcke im Norddeutschen Becken können ebenfalls als Beispiel für das Wirken eines geologischen „Archivs" herangezogen werden, folgen sie doch häufig alt angelegten Strukturen des tieferen Untergrundes.

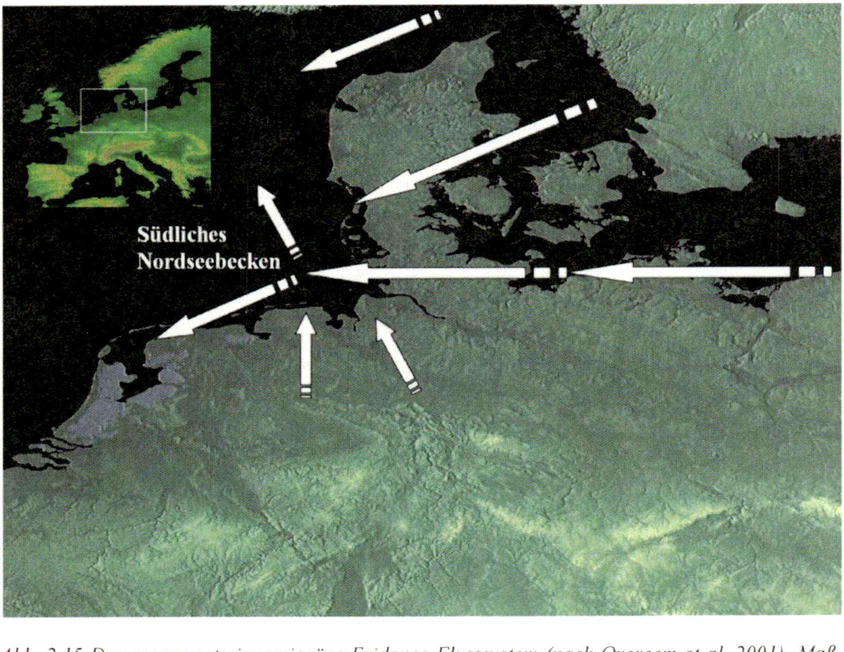

Abb. 2.15 Das sogenannte jungmiozäne Eridanos Flusssystem (nach Overeem et al. 2001). Maßstab: variabel, Hintergrundkarte: NASA Topografie.

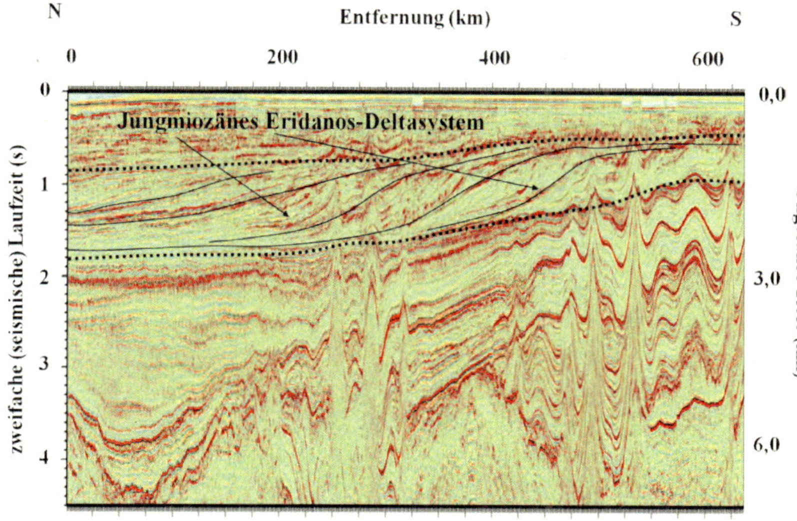

Abb.2.16 Zeitmigriertes reflexionsseismisches Profil im deutschen Sektor der südlichen Nordsee nordwestlich von Helgoland mit Deltaschüttungen des jungmiozänen Eridanos-Flusssystems, extreme vertikale Undulationen deuten auf Salzstöcke hin (Daten von TGS Nopec, modifiziert nach Krawczyk et al, 2008).

2.9.1 Allgemeine Untersuchungen zur Salzstockentwicklung in Norddeutschland

Salzstöcke und ihre strukturelle Entwicklung stellen einen dominierenden Teil des norddeutschen Untergrundes dar (Abb. 2.17). Viele Wirtschaftsgüter weisen auf eine unmittelbare Beziehung zur Salztektonik hin. Salzstöcke sind Rohstoffquellen für Stein- und Kalisalze und können als Strukturfänger für Erdöl- und Erdgaslagerstätten dienen (Boigk 1981, Pasternak 2006). Die funktionale Abhängigkeit individueller norddeutscher Salzstrukturen als Mitglieder großer geordneter Salzstockfamilien wurde von Sannemann (1968) umrissen (Abb. 2.18) und deren regionale Entwicklung von Jaritz (1973) beschrieben. Trusheim (1957) führte zuvor den Begriff der Halokinese in die wissenschaftliche Debatte ein. Die Bildung der geordneten Salzstockfamilien sahen viele Autoren hauptsächlich in der Dichteinstabilität zwischen dem unten liegenden leichten Salz und dem darüber sedimentierten schweren Gesteinsfolgen physikalisch begründet.

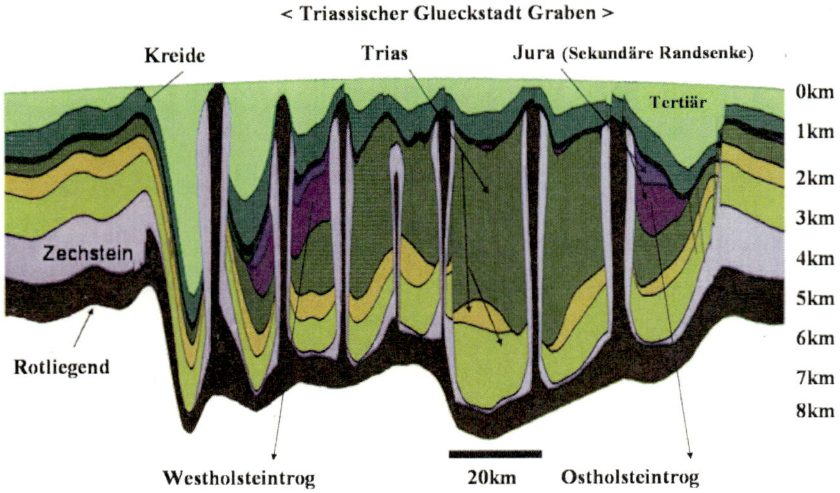

Abb. 2.17 Geotektonischer W-E Schnitt durch Schleswig-Holstein mit einer Salzstockfamilie (nach Baldschuhn et al. 2001).

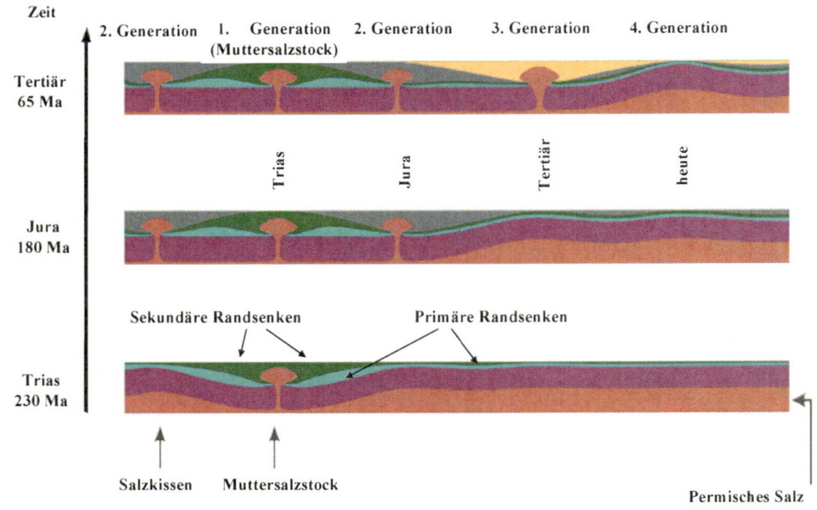

Abb. 2.18 Konzept zur Bildung einer Salzstockfamilie (nach Sannemann 1968).

Diese Annahme wurde theoretisch bereits von Hunsche (1978) erforscht. Heye (1978) führte Experimente dazu aus. Zweifel, ob diese generelle Annahme überhaupt richtig ist und ob einige als Salzstöcke interpretierte Strukturen nicht doch etwas anderes darstellen, kamen zwischenzeitlich immer wieder auf und scheinen sich inzwischen teilweise bestätigt zu haben. Sie wurden genährt durch moderne seismische Prozessingergebnisse und deren Interpretation im Rahmen der Erdöl- und Erdgasexploration (komplexe Strukturen entlang tektonischer Blattverschiebungen statt Salzstöcke (Abb. 2.19), Salzkissen der oberen Trias (Keuper) statt Mauern aus Zechstein und Rotliegend Salz, evtl. doppelte tektonische Aufschiebungen statt Doppelsalinar), durch geophysikalische Erdschweremessungen und durch Bohrlochmessungen zur Gesteinsdichtebestimmung (Brink 1984, 1986, 1987; Brink et al. 1992, 2011 und Baykulov et al. 2008). Zumindest in der frühen Phase der Salzstockentstehung in der unteren Trias (Buntsandstein) dürfte eine Dichteinstabilität in Norddeutschland gar nicht vorgelegen haben.

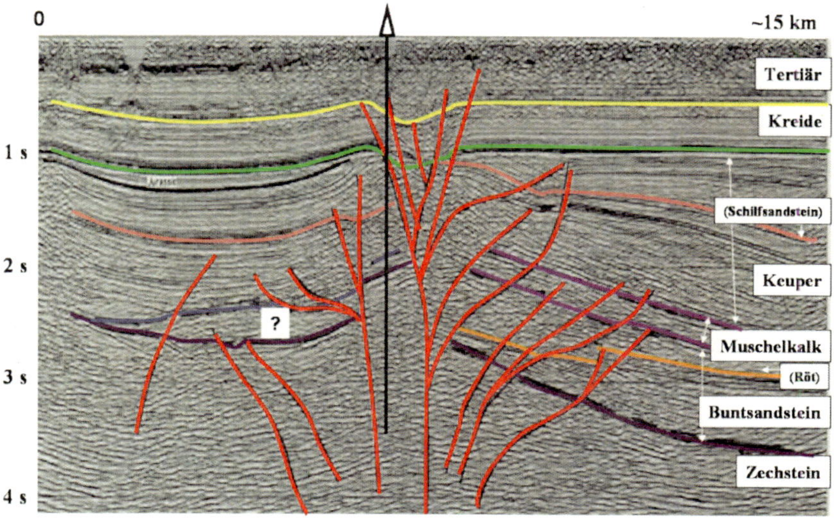

Abb. 2.19 Triassische „Blumenstruktur" entlang einer Blattverschiebung im Norden Schleswig-Holsteins; ursprünglich wurde ein Salzstock an dieser Stelle angenommen (Brink et al. 1992, 2011).

2.9.2 Anomalie von Bramsche

Der Untergrund der Grafschaft wurde für lange Zeit durch die thermische Aufheizung der postulierten oberkreidezeitlichen mafischen Intrusion von Bramsche als randlich betroffen angenommen (Abb.2.20). Die Annahme einer Intrusion beruht auf der Interpretation signifikanter geophysikalischer und geologischer Anomalien.

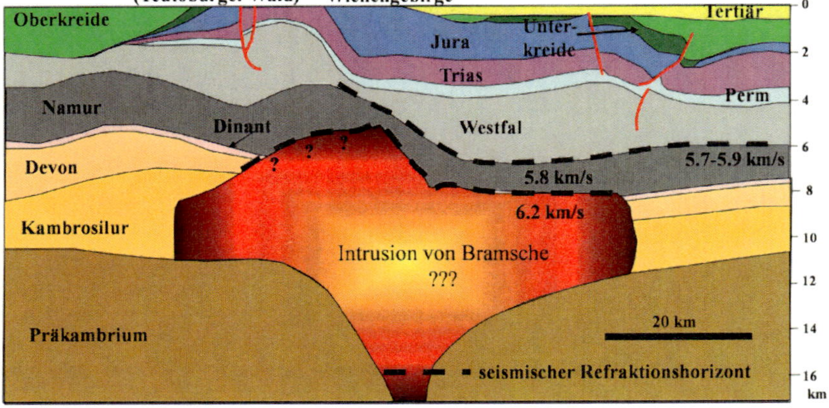

Abb. 2.20 Geotektonischer N-S Schnitt durch das Invertierte Niedersächsische Becken im Bereich der postulierten Intrusion von Bramsche, nach Stadler , G. und Teichmüller, R. (1971), Interpretation der refraktionsseismischen Daten nach Brockamp (1967).

Die Anomalie von Bramsche (in der Nähe fand die oben erwähnte Varusschlacht statt) ist ein auffälliges gravimetrisches (Abb. 2.21) und magnetisches Hoch im südwestlichen Bereich des im Osten bis zum Harz reichenden Invertierten Niedersächsischen Beckens, die von hohen sogenannten Vitrinitreflexionswerten (im Farbspektrum sedimentierter organischer Materie gespeicherte Paläotemperaturen) in Oberflächengesteinen und Tiefbohrungen als Indikatoren einer thermischen Beanspruchung begleitet wird (Teichmüller et al. 1979, 1984) und die im Untergrund eine refraktionsseismisch nachgewiesene Hochlage in etwa 6 km Tiefe aufweist.

Inzwischen liegen neben anderen Auswertungen (John 1975, Baldschuhn und Kockel, 1999; Brink, 2002b; Senglaub et al., 2005a, b, c) auch moderne magnetotellurische (MT)-Messungen vor (Hoffmann et al., 2008), die ebenfalls darauf hinweisen, dass die bestehende Annahme überarbeitet werden sollte (Abb.2.22). Zeigt die Messung doch deutlich, dass ein Intrusivkörper, der geringe elektrische Leitfähigkeiten oder reziprok: hohe elektrische Widerstände aufweisen sollte (mehrere 100 Ohm.m), gar nicht existiert. Sollte die Intrusion, deren gravimetrische Modellierung in einem ersten neuen Versuch schon modifiziert werden konnte (Bilgili et al. 2007), in der postulierten Form nicht vorliegen, hätte das bedeutende Konsequenzen für die Einschätzung des Gasgenesepotenzials der Region.

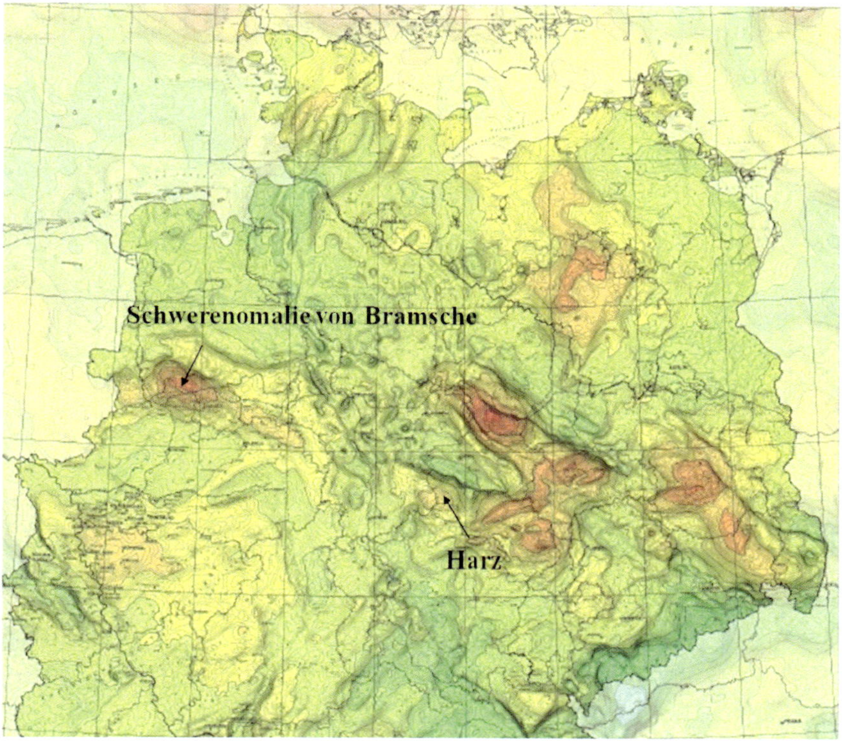

Abb. 2.21 Schwerekarte von Norddeutschland mit Angabe der Anomalie von Bramsche (gravimetrisches Hoch) und des Harzes, Leibniz Institut für Angewandte Geophysik 2010.

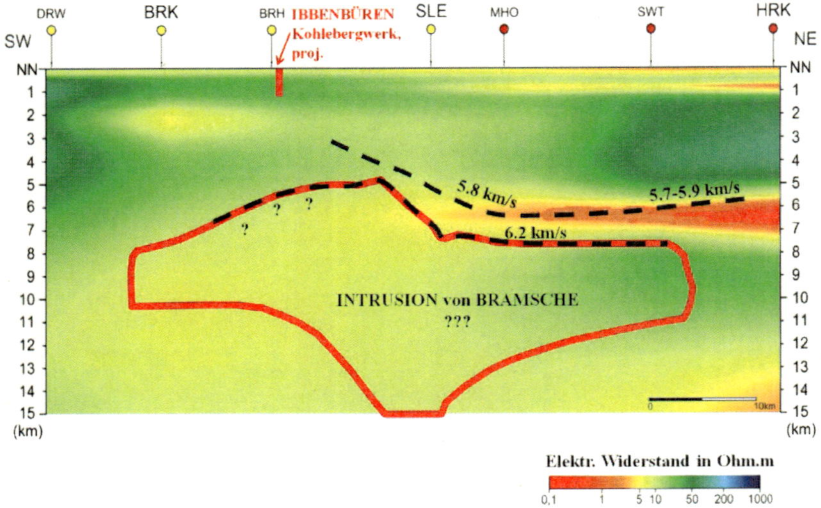

Abb. 2.22 Interpretation einer refraktionsseismischen Linie (Abb. 17, Brockamp, 1967), übertragen auf die Ergebnisse magnetotellurischer Messungen.

2.9.3 Pleistozäne Eiszeiten

In jüngerer geologischer Zeit im Pleistozän (seit ca. 1 Million Jahren) haben kosmisch induzierte Eiszeiten (Milankovic-Zyklen) bis zu 3 km mächtige Eispanzer über Nord- und Mitteleuropa gelegt. Durch ihr Gewicht haben sie die unter ihnen liegende Erdkruste mehrere hundert Meter tief in den „viskoelastischen" Erdmantel gedrückt. Vor der Front der Vereisungen (Abb. 2.23, siehe u. a. Sirocko et al. 2008), die teilweise auch die Grafschaft Bentheim berührten, ging der Senkungsbetrag durch die fehlende Auflast auf Null Meter zurück. Dies hatte zufolge, dass gerade im Frontalbereich der Eiskappen Untergrundschichten stark geneigt und in ihnen enthaltene Fluide (Wasser, Öl, Gas) umverteilt wurden. Das ist möglicherweise auch mit der einen oder anderen Kohlenwasserstofflagerstätte in der Grafschaft passiert. Am Ende der Eiszeit wurde der Fluidfluss unterbunden oder die Fluide migrierten in ihre Ausgangslage zurück. Diese Ereignisse haben sicherlich auch einen kleinen Beitrag zur generellen Komplexität der Feldgrößenverteilung in der Grafschaft geleistet.

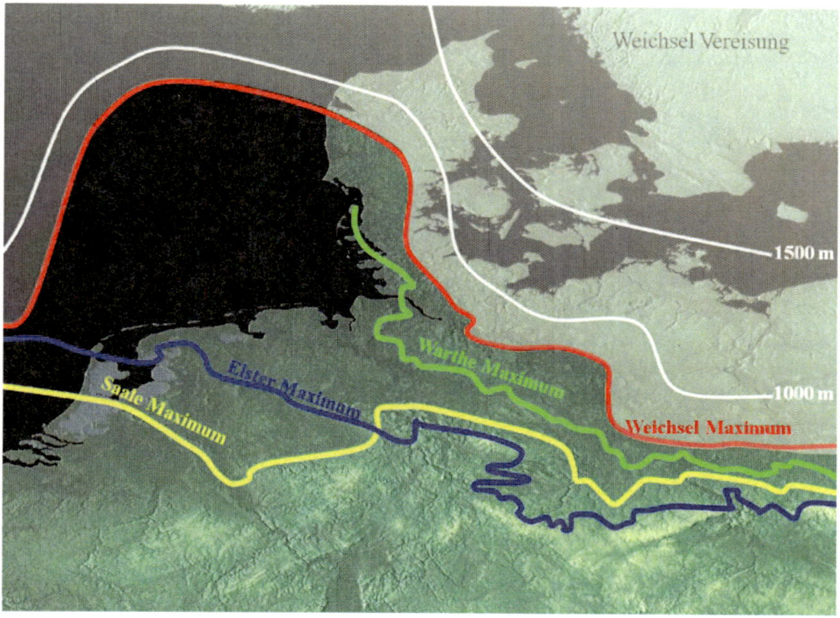

Abb. 2.23 Norddeutschland und benachbarte Gebiete während der Weichsel, Warthe, Saale und Elster Vereisungen. Maßstab: variabel, Hintergrundkarte: NASA Topografie.

2.10 Ordnung und Organisation

Wie oben beschrieben, leben wir in einer durch Ordnungsstreben geprägten Welt und versuchen, es ihr gleich zu tun und gegen das allgegenwärtige Chaos, auch selbst produziertes, wie es etwa kriegerische Auseinandersetzungen oder menschlich verursachte Umweltkatastrophen darstellen, anzukämpfen. In das Tohuwabohu der Geräusche schaffen wir Ordnung durch Musik. Jedes Orchester würde ohne eine dirigierende Hand ins Chaotische entgleiten. Ob ohne die Disziplin seiner Bürger das arme Preußen ein bedeutender Staat in Deutschland und Europa hätte werden können, ist gemessen an historischen Analogien zumindest zweifelhaft. Römische Galeeren hätten nie ihr Ziel erreicht, wenn sich die Ruderer nicht in einem sinnvollen Gleichtakt bewegt hätten. Das Römische Imperium selbst wäre nie entstanden, hätten die Römer nicht die kollektive Kraft besessen, ihre Ordnung weit über den Mittelmeerraum hinaus auszudehnen. Komplizierteste Technik wird dort eingesetzt, wo zur Wiederherstellung der Ordnung chaotisch ablaufende Umweltkatastrophen nicht anders zu beheben sind. Die sinnvolle und zielgerichtete abgestimmte Bewegung vieler Individuen eines Systems bedarf einer Organisation. Wie hoch dabei der

Anteil durch Selbstorganisation der Einzelindividuen ist, hängt u. a. vom Reifezustand des Systems ab, in dem sie existieren. Je unterschiedlicher die Individuen sind, um so eher droht das Chaos, um so ausgeklügelter muss das ordnende Prinzip sein. Ob sich nun Systeme, seien sie Bestandteile der unbelebten oder belebten, der soziologischen, ökonomischen oder einer anderen Welt, sinnvoll selbst organisieren oder organisiert werden, dabei Energie verbrauchen, evtl. abgeben oder im Gleichgewicht bleiben, sie scheinen dabei häufig einen höheren Ordnungszustand anzustreben. Auch innerhalb der Erde gibt es solche Systeme. So setzt sich z. B. der Untergrund Norddeutschlands, von dem die Grafschaft Bentheim bekanntlich nur ein kleiner Teil ist, wie oben beschrieben mit seinen zahlreichen Salzstöcken aus vielen geordneten, sich z.T. in einer Generationenfolge selbst organisierenden Strukturen zusammen. Die Ausbildung geologischer Horizonte mit zahlreichen Erdölfallen ist bei diesem Prozess nicht ohne ästhetischen Reiz.

2.11 Würfelspiel der Sedimentbecken

Eine der zahlreichen Methoden, Sedimentbecken wie das die Grafschaft Bentheim umfassende Norddeutsche bzw. Niedersächsische Becken zu klassifizieren, ist die Einstufung in ihre geotektonische Entwicklung. Die ihnen zugeordneten Kohlenwasserstoffsysteme und die sie repräsentierenden Feldgrößenverteilungen deuten auf wesentliche Unterschiede hin. Deltabecken zeigen eine sehr geringe Neigung im Lognormalsystem, was generell auf eine niedrige Anzahl steuernder Faktoren hinweist. Multizyklische Becken dagegen können eine ausgesprochen hohe Lognormalneigung aufweisen, die auf Kohlenwasserstoffsysteme mit einer hohen Parameterzahl und damit auf hohe Komplexitätsgrade schließen lässt (Brink 2010). Die Sedimentbecken der Erde, deren KW-Potenzial einem jurassischen Muttergestein zuzuordnen ist (Klemme 1994), weisen Lognormalverteilungen hinsichtlich der Beckenausdehnung sowie ihres KW-Potenzials auf (Abb. 2.24, Rangfolgen nach der Ausdehnung (englische Beckennamen): „West Siberia Basin, Arabian/Iranian Basin, Gulf of Mexico, Amu Darya, Northwest European Shelf, Middle Caspian Sea, Greater Papua, Neuquen, Yemen, Barrow-Dampier, Scotia Shelf subbasin, Jeane d'Arc subbasin, Vienna Basin, Vulcan Graben“ und der Verfügbarkeit von Kohlenwasserstoffen (KWs), die zusätzlich durch die Muttergesteinsqualität sowie durch die Genese-, Migrations- und Akkumulationsprozesse für Erdöl und Erdgas modifiziert ist). Die Flächengrößenverteilung wird sicherlich multiplikativ beeinflusst von Faktoren wie Lebensdauer und Größe einer möglichen initialen Wärmeanomalie, von Gesteinsparametern der betroffenen Kruste sowie Metamorphoseprozesse darin, dem tektonischen Spannungsfeld, der Position innerhalb der wandernden Kontinentalplatten, den

Sedimentationsbedingungen u. a. als Funktion von Meeresspiegelschwankungen und der Erosion benachbarter Orogene, der Dichten der abgelagerten Sedimente (z. B. leichtes Salz, schwere Karbonate), u.v.a.m.. Die KW-Systeme in den jeweiligen Becken werden zusätzlich durch weitere interne beckenspezifische Prozesse beeinflusst.

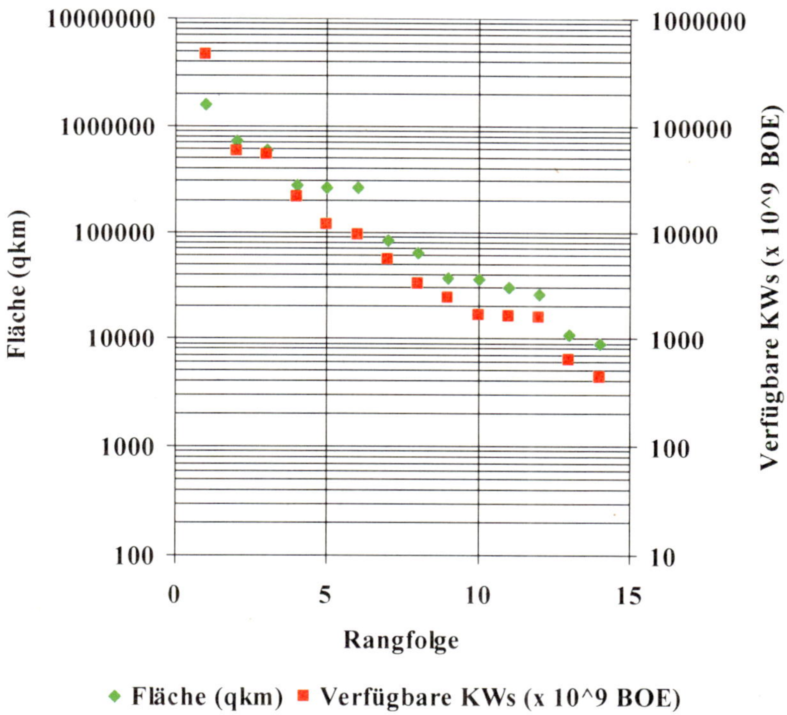

Abb. 2.24 Rangfolge von Sedimentbecken der Erde mit jurassischem Muttergestein nach der Beckenausdehnung in qkm und nach ihrem KW-Potenzial in 109 BOE (Barrel Oil Equivalent, nach Klemme 1994, AAPG Memoir 60).

2.12 Würfelspiel der Erdölsysteme

Publizierte Daten über die Ölfelder einer Region oder über Feldgrößenverteilungen gibt es unter anderem über das Niedersächsische Becken, die Süddeutsche Molasse, das Rheintal, das Ekofisk-Gebiet in der zentralen Nordsee und über das Niger-Delta in Nigeria.

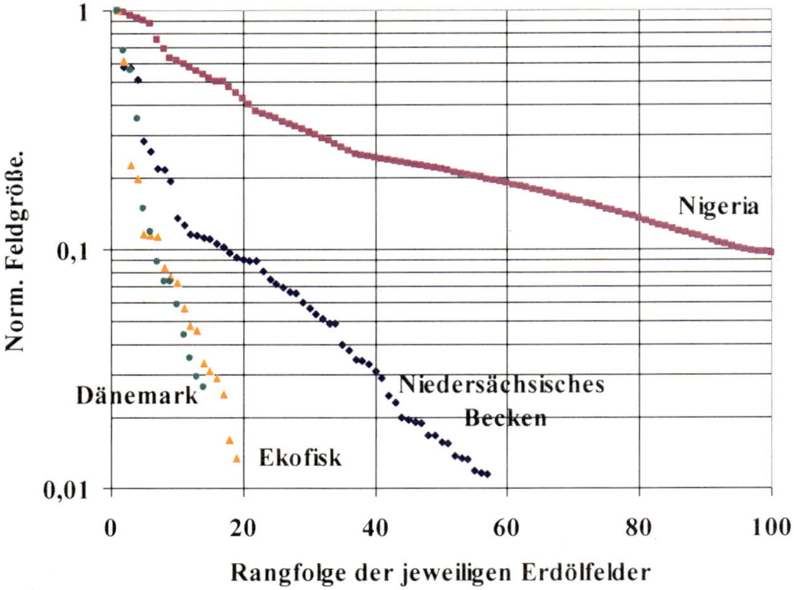

Abb. 2.25 Feldgrößenverteilung für eine kleine Auswahl verschiedener Erdölregionen der Erde (nach Brink 2000, 2003).

Wie erwartet, zeigt das nigerianische Deltabecken eine geringe Neigung, während das ‚kontinentale' (Schelfgebiet!) Riftbecken der Nordsee um Ekofisk herum eine steilere lognormale Steigung aufweist. Die Ölregionen von Niedersachsen inklusive die der Grafschaft Bentheim und des ‚Chalks' (= poröser Kreidekalk wie auf Rügen) in der dänischen Nordsee ergänzen das Bild über die Varianz der unterschiedlichen Kohlenwasserstoffsysteme (Abb.2.25).

2.13 Würfelspiel der Erdgassysteme

Der Versuch, die Erdgassysteme im norddeutschen Becken zu analysieren, liefert das Bild eines Zechsteins (oberes Perm) mit geringer und eines Rotliegenden (unteres Perm) mit großer Neigung (Abb.2.26). Mit dem oben Gesagten bedeutet das, dass die Gasfelder des Rotliegenden durch wesentlich mehr voneinander unabhängige geologische Parameter beherrscht werden als die des Zechsteins. Die heterogene Fazies und die komplexe Diagenese der klastischen Reservoire des Rotliegenden (u. a. Schöner und Gaupp 2004, 2005, und Gaupp et. al. 2008) dürfte dabei die entscheidende Rolle spielen, obwohl auch die karbonatigen Zechsteinreservoire bedeutende geochemische Veränderungen seit ihrer Ablagerung erfahren haben (u. a. Strohmenger und Strauss 1996). Im Vergleich zu den Rotliegend-Gasfeldern in Großbritannien und vor allem in den Niederlanden (ohne Groningen) mit ihren teilweise sehr geringen lognormalen Neigungen zeigt sich, dass das System der Rotliegend-Gasfelder im norddeutschen Becken auch innerhalb dieser Formation selbst als sehr komplex eingestuft werden muss (Abb.2.27).

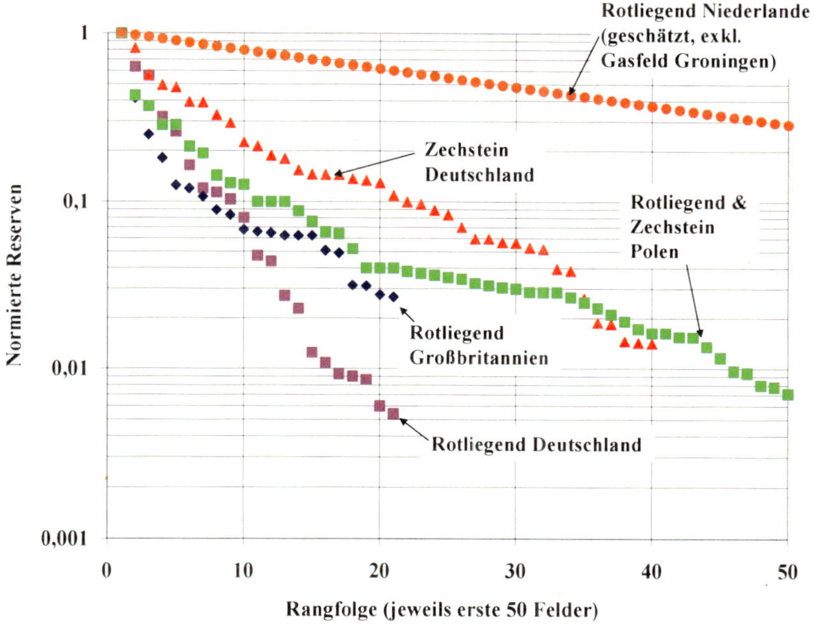

Abb. 2.26 Feldgrößenverteilungen der Rotliegend und Zechstein Gassysteme im südlichen Permbecken mit dem Norddeutschen Becken als zentralem Teil (nach Brink 2010).

Die Kompilation aller Kohlenwasserstoffsysteme Deutschlands (Abb.2.28) macht noch einmal deutlich, dass die Öl-Systeme in der süddeutschen Molasse und im Rheintal wegen ihrer hohen lognormalen Neigung die komplexesten sind, dicht gefolgt vom Rotliegenden. Das Zechsteinsystem im Norddeutschen Becken und das Ölsystem des Niedersächsischen Beckens zeigen eine geringere Komplexität. Die Öl-Systeme gelten als matur (reif). Ihre Analyse erscheint damit endgültig. Für die beiden Gas-Systeme können nur noch entscheidende neue Funde den Gesamtverlauf der Kurven ändern, was eine Verringerung der Neigung bedeuten müsste, und damit eine Re-Analyse erforderlich machen würde.

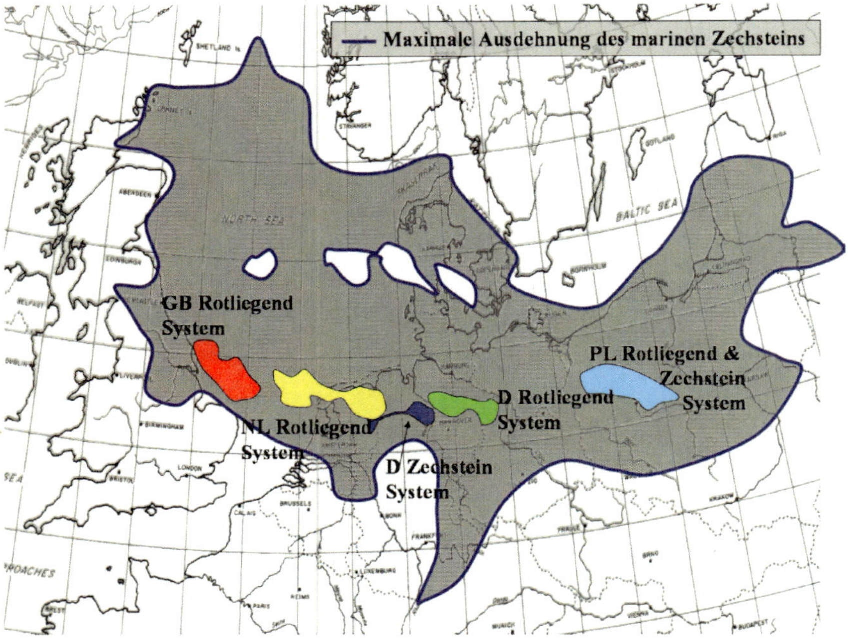

Abb. 2.27 Gassysteme im südlichen Permbecken (~maximale Ausdehnung des marinen Zechsteins nach Ziegler, 1990) und ihre hauptsächliche Verbreitung (nach Brink 2010).

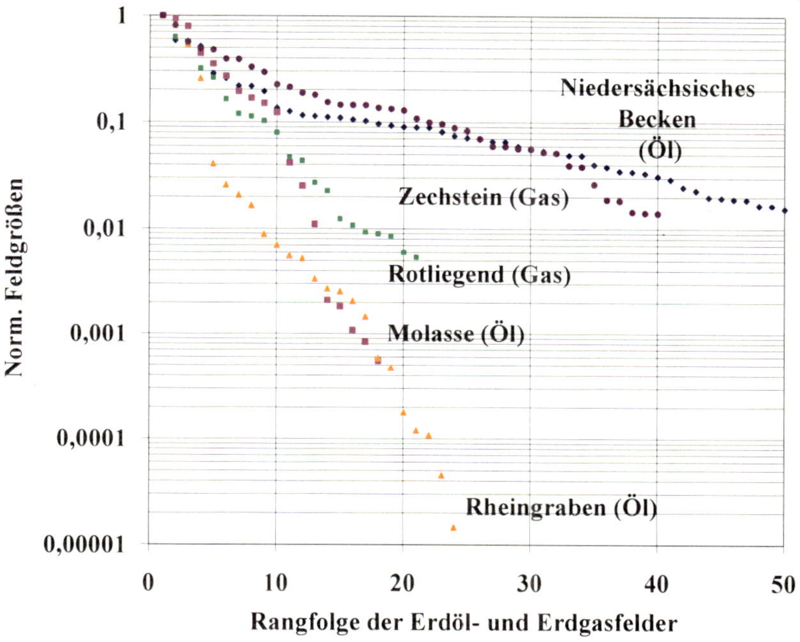

Abb. 2.28 Feldgrößenverteilungen von Kohlenwasserstoffsystemen Deutschlands (nach Brink 2000, 2003).

2.14 Bewertung der Kohlenwasserstoffsysteme

Die für die analysierten KW-Systeme ermittelten exponentiellen Alpha-Werte und die daraus abschätzbare Minimalanzahl entscheidender Parameter belegt deutlich die Unterschiede der analysierten KW-Systeme (Abb. 2.29). Leitet man aus dem Würfelversuch eine Abschätzung der Anzahl der entscheidenden geologischen Parameter ab, so wird das System in Nigeria von etwa 20, dass der süddeutschen Molasse von etwa 200 bestimmt. Die anderen hier erwähnten Systeme liegen irgendwo dazwischen. Die Anzahl der Parameter eines Systems hat sicherlich auch Einfluss auf die Vorhersagbarkeit in Entscheidungsprozessen. Die Mitgliedseigenschaften von Systemen mit geringer Parameteranzahl werden leichter abzuschätzen sein als die von komplexeren Systemen mit hoher Anzahl. Über eine mathematische Vereinfachung lässt sich eine Beziehung zwischen dem exponentiellen Alpha-Faktor und der Fündigkeitsrate für ein KW-System ableiten (Abb. 2.30). Sei A_{max} das größte Feld, A_{min} der kleinste noch wirtschaftliche Fund (hier z. B. 1 Mrd m^3), x_{min} die Anzahl der Felder und x_{max} die Zahl der Explorationsbohrungen, so wird die Fündigkeitsrate dem Produkt von Exponentialfaktor der Verteilung und x_{max} umgekehrt und dem Logarithmus von A_{max} über A_{min} direkt proportional. Komplexere Systeme benötigen sicherlich einen höheren geowissenschaftlichen Aufwand zu ihrer Analyse als einfache Systeme. Der Analyseaufwand wird damit, wen sollte es verwundern, eine Funktion von Komplexität und Erdölpreis. Je höher der Ölpreis ist, desto größer kann die Komplexität eines zu analysierenden Kohlenwasserstoffsystems sein.

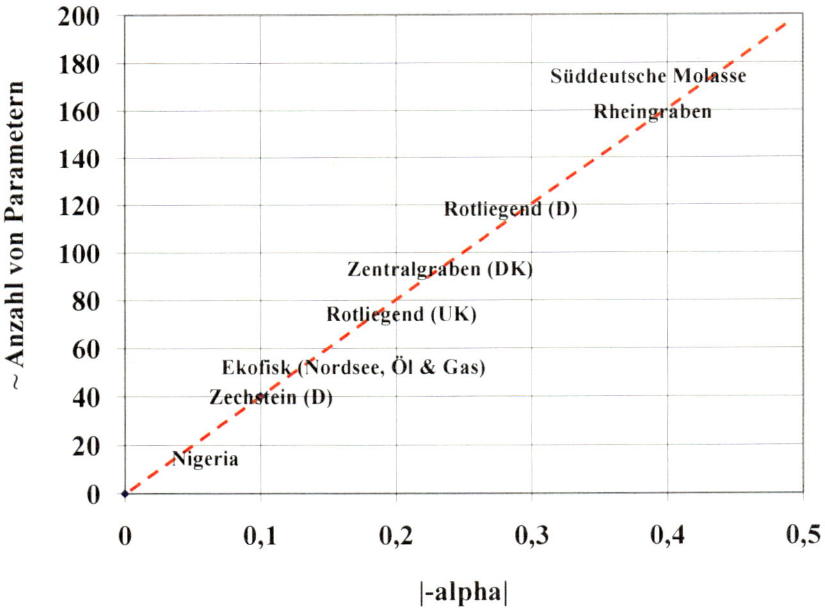

Abb. 2.29 Exponentialfaktor und Abschätzung der Anzahl unabhängiger Parameter für verschiedene KW-Systeme (nach Brink 2000, 2003).

Ein wichtiger Teil in der Bewertung von KW-Systemen und zur Abschätzung der Fündigkeit besteht darin, den genauen Verlauf der Erdöl- und Erdgasgenerationsphasen zu ermitteln und den weiteren Werdegang der gebildeten Kohlenwasserstoffe durch Raum und Zeit zu verfolgen. Auch für die Grafschaft ist das durchaus reizvoll, werden doch aus den Kohlen des Oberkarbons gleich mehrere darüber liegende speicherfähige geologische Formationen „aufgeladen".

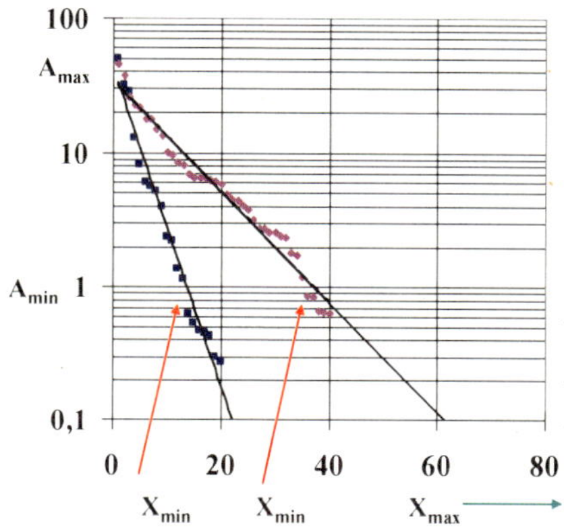

X_{min} = Anzahl der Felder > 1 Mrd m³

X_{max} = Anzahl der Explorationsbohrungen

Fündigkeitsrate (FR) = X_{min}/X_{max}

Rangfolge der Felder: $A_{max} * \exp^{(-ax)}$

$A_{min}/A_{max} = \exp^{-axmin}$

$X_{min} = 1/a * \ln(A_{max}/A_{min})$

$FR = \ln(A_{max}/A_{min}) /(a * X_{max})$

Abb. 2.30 Beziehung von Fündigkeitsrate und Feldgrößenverteilung für exemplarische Feldesgrößen.

Für verallgemeinerte durchschnittliche Verhältnisse im Norddeutschen Becken (Abb. 2.31), zwar nicht unbedingt anwendbar für die Grafschaft mit ihrer speziellen geologischen Entwicklung, aber doch vereinfachend übertragbar, sind in der ersten Migrationsphase nach der erfolgten Generation im Muttergestein zuerst die untersten Speichergesteine gefüllt worden. Im Laufe der Zeit entgasen diese und geben Gas an das darüber liegende nächste Reservoir ab und so weiter (Abb. 2.32). Die Halbwertszeit der Entgasung eines Speicherhorizontes liegt in Norddeutschland bei ca. 60 Millionen Jahre (abgeleitet für das Zechstein-Buntsandstein-System zwischen Ems und Weser), d. h. in dieser Zeit sind 50% der ehemaligen Gasmengen aus dem Reservoir verschwunden. Dieser Wert ist doppelt so hoch wie der globale Wert von ca. 30 Mio. Jahren für Erdöl. Die größere Flüchtigkeit von Erdgas wird in diesem Fall durch die ausgezeichneten Eigenschaften der Salze in Nordwestdeutschland, Gaslagerstätten abzudecken, mehr als ausgeglichen (Brink 2002a, 2010).

Werden verschiedene Systeme miteinander vermischt, verwischt die Lognormalität und aus der quasi linearen Beziehung im Rangfolge-Rangwert-(logarithmisch)-Diagramm wird eine quasi exponentielle Funktionalität. Im Umkehrschluss würde dies gestatten, auf die Existenz mehrerer Systeme zu schließen, sollte ein ungefährer linearer Trend nicht so offensichtlich sein.

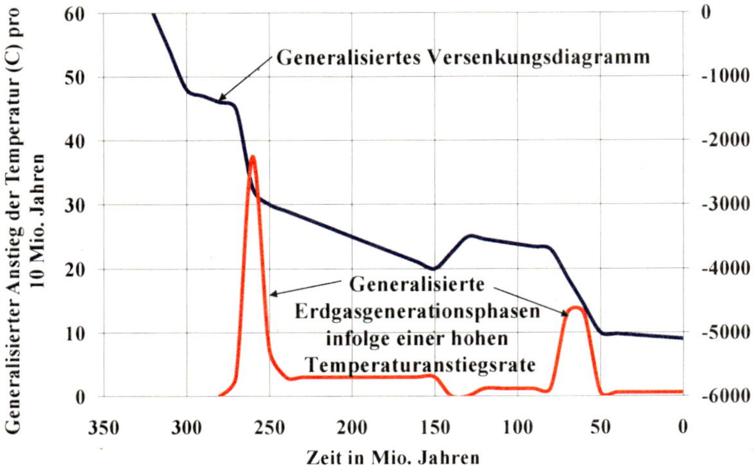

Abb. 2.31 Generalisierte Versenkungsgeschichte der Kohleflöze des norddeutschen Karbons. Die Details dieser Versenkungsgeschichte sind die Ursachen für die bimodale Verteilung von zwei etwa gleichbedeutenden Erdgasgenerationsphasen, wobei beide Phasen u. a. durch ihre Unterschiede in den Anteilen von Kohlenstoff- und Stickstoffisotopen charakterisiert werden können. Mit einer Halbwertszeit von 60 Millionen Jahren wären von der ersten Generationsphase schätzungsweise nur noch 6% im untersten Reservoir vorhanden (Brink 2002a, 2010).

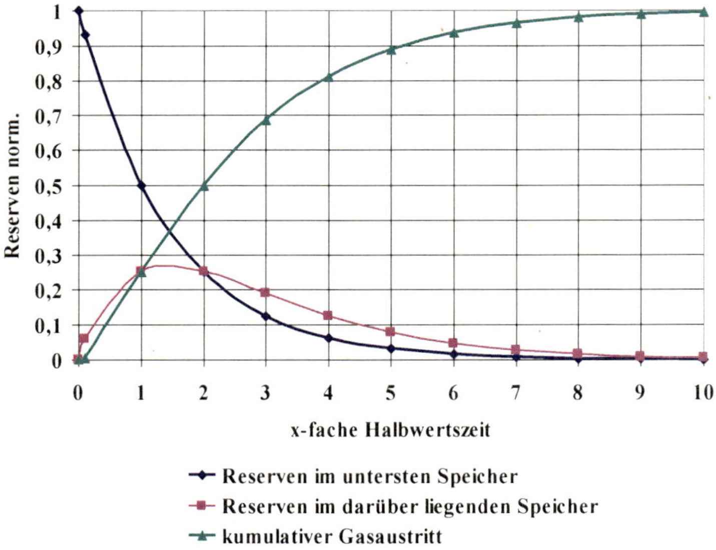

Abb. 2.32 Vereinfachte Reservenentwicklung zweier übereinander liegender geologischer Speicherhorizonte als Funktion der Halbwertszeit von Entgasung und subsequenter Füllung mit nachfolgender Entgasung (Brink 2002a, 2010).

2.15 Geophysik zur Würfelspielanalyse

Bei der Analyse von Sedimentbecken zu assistieren und zum Teil ins Unbekannte vorzustoßen ist unter anderem eine der Aufgaben der Geophysik, wie sie seit Jahrzehnten auch in der Grafschaft Bentheim eingesetzt wird. Auf ihre Verfahren wird zurückgegriffen, will man Zufallsannahmen einschränken und Bohrprojekte auf eine Basis stellen, die mit Naturgesetzen nachprüfbar ist. Die Geophysik soll für die Exploration eine bessere Abschätzung und für die Produktion eine genauere Kartierung entscheidender Lagerstättenparameter ermöglichen (Tab. II). Wichtig sind vor allem strukturelle Parameter wie Tiefe, horizontale Ausdehnung und vertikale Erstreckung eines Prospektes oder gefundenen Feldes. Sie bestimmen die Randbedingungen des Gesteinsvolumens, das für die Speicherung von Kohlenwasserstoffen zur Verfügung steht. Heute können solche Strukturen im Untergrund relativ genau mit 3D-seismischen Verfahren erkundet und aufgelöst werden. Um aus der seismisch gewonnenen Laufzeitdarstellung einer Struktur deren Tiefenlage bestimmen zu können, ist die Abschätzung bzw. Berechnung der seismischen Geschwindigkeiten unbedingte Voraussetzung. Dies geschieht u. a. mit Hilfe bohrlochgeophysikalischer Messungen und den Geschwindigkeitsbestimmungsmethoden aus dem Prozessing der reflexionsseismischen Daten. Aus den seismischen Amplituden der Speicherhorizonte und über seismische Inversionsverfahren lassen sich in interpretativen Schritten des seismischen Prozessings Anhaltswerte für die Verteilung von Porositäten innerhalb des potenziell kohlenwasserstoffhaltigen Gesteinsvolumens ermitteln, ein wichtiger Parameter für die genauere Berechnung der Menge gespeicherten Erdöles oder Erdgases. Seismische Amplituden und Inversionen tragen auch zur Klärung geologischer Modelle wie z. B. die der Reservoirverbreitung bei oder schränken diese ein. So lassen sich unter Umständen auch Abbilder alter Flusssysteme, möglicher Impaktkrater, ungeklärter Lineamentstrukturen (z. B. tektonischer Brüche), oder einer Kompartmentalisierung (kleinräumigen Untergliederung) eines Gas führenden Speichergesteins aus einer flächenhaften Darstellung 3D-seismischer Amplituden oder anderer seismischer Attribute gewinnen. Da Temperatur und Druck ebenfalls einen Einfluss auf die Mengenberechnung gespeicherter Kohlenwasserstoffe haben, werden seismische Ergebnisse auch zu deren Bestimmung herangezogen. Der Gesteinsdruck ist u. a. von der Gesteinsdichte und den zugehörigen seismisch definierbaren Mächtigkeiten geologischer Formationen (Schichten) und die Temperatur von den Wärmeleitfähigkeiten dieser Formationen abhängig. Im glücklichen Fall kann über die seismische Erkennung des Erdöl- oder Erdgaskontaktes mit dem darunter liegenden Lagerstättenwasser die Existenz einer Kohlenwasserstoffsäule nachgewiesen und deren genaue Höhe bestimmt werden. Aus der unter Berücksichtigung vorhandener Bohrdaten seismisch ermittelten räumlichen Teufenlage (geol. für Tiefenlage) entscheidender geologischer Formationsgrenzen werden Rahmenbedingungen für eine Beckenmodellierung vorgegeben, die aus der Versenkungs- und Temperaturgeschichte bei vorgegebenen geochemischen Werten für ein Kohlenwasserstoffmuttergestein die Genesegeschichte für Erdöl und Erdgas ableitet. Mit dieser Modellierung wird versucht, die bei der Generation, Migration und Speicherung wirkenden Naturgesetze zu berücksichtigen und für eine Projektplanung die Wirkung des Zufalls und die daraus folgende Unsicherheit, ob z. B. in einem bisher nicht erkundeten Gebiet wirklich ein existierendes Kohlenwasserstoffsystem vorliegen kann, einzuschränken.

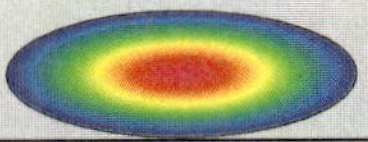	**Fläche A (seismische Auflösung, Tiefenkonversion,...)**
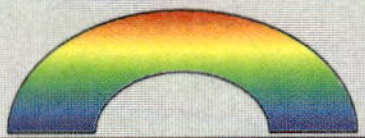	**Mittlere Mächtigkeit H (seismische Auflösung, Bohrungskontrolle,...)**
	**Porosität P (Tiefe, Fazies, Sortierung,...)**
	**Wassersättigung S (Kapillaritätskräfte,...)**
	**Volumenfaktor V (Gas, Öl, Temperatur, Druck,...)**
	**Entnahmegrad R (Zeit, Permeabilität,...)**
Kohlenwasserstoffreserven ~ A x H x P x (1-S) x V x R	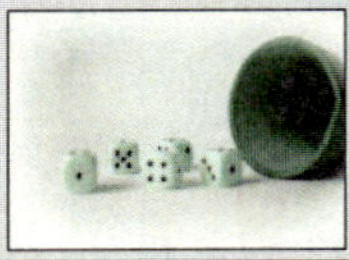

Tabelle II: Multiplikative Abschätzung von Kohlenwasserstoffreserven (Monte-Carlo-Methode)

2.16 Würfelspiel und persönlicher Gott

Die Aussage von Albert Einstein, dass Gott nicht würfelt, kann, wenn man dem hier Erörtertem folgt, so nicht stehen bleiben. An einen persönlichen Gott zu glauben oder seine eigene Entwicklung als zufälliges Ergebnis eines hyperparametrigen Würfelspiels zu sehen, konfrontiert den Menschen seit Jahrtausenden mit religiösen und naturphilosophischen Fragestellungen. Gibt es einen Plan, der über Ordnung erzeugende Würfelspiele in der Natur zu Werden, Sein und Sinn des Menschen führt, damit vielleicht wenigstens ein

Lebewesen die gesamte komplexe ‚Schöpfung' bewundern kann, oder sind sein Sein und Werden zufällig intrinsisch und ohne Sinn angelegt? Karl Gustav Jung, Psychologe (1875-1961), meint dazu:

„Ohne das reflektierende Bewusstsein des Menschen ist die Welt von gigantischer Sinnlosigkeit, denn der Mensch ist nach unserer Erfahrung das einzige Wesen, das «Sinn» überhaupt feststellen kann. ...Da eine Schöpfung ohne das reflektierende Bewusstsein des Menschen keinen erkennbaren Sinn hat, so wird mit der Hypothese eines latenten Sinnes dem Menschen eine kosmogonische Bedeutung zugedacht, eine wahrhafte raison d'être. Wenn dagegen dem Schöpfer der latente Sinn als bewusster Schöpfungsplan zugeschrieben wird, dann entsteht die Frage: warum sollte der Schöpfer dieses ganze Weltphänomen veranstalten, da Er ja bereits darum weiß, worin Er sich spiegeln könnte, und warum sollte Er sich spiegeln, da Er ja seiner selbst bewusst ist."

Wir selbst können mit der gesammelten Faktenlage prinzipiell nur rückwärts schauen, was unsere Entwicklung und die unseres Lebensraumes angeht. Wir können nicht genau sagen, wo es in ferner Zukunft hinführt, trotz der inzwischen gesammelten Erkenntnisse über episodisches Artensterben, über die Bedeutung der Plattentektonik und kosmischer Einschläge, über die Entwicklung des Erdkerns mit seinem an der Erdoberfläche Schutz bietenden Magnetfeld u.v.a.m. Auch könnten wir, wenn wir uns selbst erschaffen wollten, auch mit einer exakten rückwärtigen Analyse unseres Seins nicht die unendlichen vielen Prozessparameter so zusammenfügen, dass zum Schluss nach ca. 14 Milliarden Jahren wir vorwärtsmodellierend selbst das Ergebnis wären. Wahrscheinlich müssten wir in der Hoffnung auf ein positives Einzelergebnis auf allen Ebenen auch zu einem trilliardenfachen Würfeln ansetzen, unendliche viele Sonnen und Planeten schaffen und alle Naturgesetze und die Eigenschaften der Materie als ‚gottgegeben' annehmen. Goethes (1749-1832, Abb. H) literarischer Versuch, in Faust II die Entstehung der Welt anhand der Paradigmen der sich seinerzeit über die Dominanz von Magma (Erdinneres) oder Meer (Sintflut) streitenden Plutonisten und Neptunisten zu erklären, zeigt neben der naturwissenschaftlichen auch die starke geisteswissenschaftliche und initiale religiöse Komponente der gesamten Fragestellung zum Ursprung der Schöpfung auf. Anlass dieses Streites war das verheerende Erdbeben von Lissabon 1755 mit dem nachfolgenden katastrophalen Tsunami und die aufkommende Frage, wieso Gott dieses Unglück gerade an einem kirchlichen Feiertag zugelassen hat. Das negative Zeugnis einer heute noch verfochtenen rein geisteswissenschaftlich geprägten Betrachtungsweise mit der rigorosen Ausblendung naturwissenschaftlicher Erkenntnisse bilden die Kreationisten, die vor allem in den USA lautstark auftreten.

2.17 Der Mensch im System

Da vielfach auch die Elemente sozialer Systeme eine Lognormalität aufweisen (u. a. Brink 2000, 2009), muss sich der intelligente Mensch nach einer Sortierung seiner messbaren Eigenschaften im kollektiven Umfeld damit zu Recht finden, dass er entweder am Anfang der Sortierung, am Ende oder irgendwo dazwischen steht. Dies trifft in vielen Lebensbereichen zu, wobei der Sport die messbarsten Resultate liefert und wohl deshalb so populär geworden ist.

Abb. H: Goethe auf dem Kickelhahn, Gemälde von Heino Lübben, 2009

In so einem System kann der Mensch zumindest sicher sein, dass die Verhältnisse zu den unmittelbar positionierten Nachbarn für jedes Mitglied des Systems in etwa konstant sind und im engeren Wirkungskreis das Leben daher durchaus Spaß machen kann, ohne immer auf die Spitzenposition schauen zu müssen, die zu erreichen natürlich oft ein Ziel bleibt und auch bleiben muss, weil dies die Spannung in der sozialen (auch sportlichen) Antriebsfeder aufrecht hält. Wie Geschichte und Evolution aber zeigen, können zu große Unterschiede in den Verhältnissen systemdestabilisierend wirken. Gar keine Unterschiede dürften nur auf sehr niedrigem Niveau und letztendlich nur systemzerstörend zu erreichen sein. Entsprechende Ideologien und das (teuflische) Spiel mit dem eigenen Untergang, das auch die Nachkommen der Germanen historisch rezent noch gepflegt haben, scheinen wohl unvermeidlich zur menschlichen Natur (und Kultur) zu gehören. Das Optimum bei einem generell hohen Niveau liegt offenbar variabel irgendwo dazwischen.

Diese Art ‚Ungerechtigkeit' wäre damit von der Natur vorgegeben und man hätte als Einzelperson nur einen bescheidenen Einfluss darauf. Das trifft natürlich auch auf den Autor selbst zu, der zu gerne unendlich reich an Erkenntnissen darüber wäre, was denn die Welt so im Innersten zusammenhält, dazu ein weiser Geowissenschaftler, aufgeklärter Naturphilosoph, gewitzter Verfasser und charismatischer Chef, es aber eben nicht ist. Olympionike zu sein hat er noch nicht einmal geträumt. Es gehört sicherlich viel Kraft und Willen dazu, seine Systemposition im Laufe des Lebens zu verbessern. Sie z. B. durch süßes Nichtstun zu verschlechtern ist wesentlich einfacher. Einen schnellen Läufer kann man leicht dazu bewegen, zumindest zeitweise etwas langsamer zu laufen, einen langsamen aber nicht unbedingt schneller. Diese Kraft und dieser Wille, aktiv durch Arbeit in das ‚Würfelspiel' des Lebens einzugreifen, und das möglichst selbstbestimmt, und dabei eine höhere zivilisatorische Ordnung auch für einen selbst aufzubauen, scheinen wesentliche Bausteine unserer menschlichen Gesellschaft zu sein. In seinem satirischen Roman „Candide oder die beste aller Welten", der sich unter anderem gegen die optimistische Weltanschauung von Leibniz (1646-1716) richtete, für den unsere Welt die beste aller möglichen Welten war, lässt der französische Philosoph Voltaire (1759, deutsche Übersetzung 1776) seine Romanfiguren nach allerlei leidvollen Erfahrungen auf einer langen Reise an die entlegensten Orte der Welt, unter anderem nach Lissabon gerade zur Zeit des katastrophalen Erdbebens, über das Thema Arbeit wie folgt sprechen:

„Ich weis auch, sagte Candide, dass unser Garten muss angebaut werden. Da haben Sie Recht, sagte Panglos; denn wie Gott den Menschen in den Garten Eden setzte, setzte er ihn deshalb herein, ut operaretur eum, dass er ihn bebaute. Der beste Beweis, dass der Mensch nicht zur Ruhe geschaffen ist. Lasst uns arbeiten, ohne zu vernünfteln, sagte Martin. Das ist das einzige Mittel, sich das Leben erträglich zu machen."

Interessanterweise wächst Candide im zur Grafschaft Bentheim unmittelbar benachbarten Westfalen auf. Voltaire beschreibt die Rahmenbedingungen um seine Geburt wie folgt:

„In Westfalen auf dem Schlosse des Herrn Baron von Donnerstrunkshausen

ward mit der jungen Herrschaft zugleich ein junger Mensch erzogen, ein gar liebes, sanftes Geschöpf, aus dessen kleinstem Gesichtszuge Sanftheit hervorblickte. An Kopf fehlt' es ihm gar nicht, und doch war er so offen, so rund, so ohn' alles Arg wie unsre Ahnen. Ebendeswegen, glaub ich, nannte ihn Baroneß Engeline, Schwester des Herrn Barons, Candide. Wie hätte eine Dame, die anderthalb Jahr zu Berlin in französischer Pension gewesen, sich auf einen teutschen Namen besinnen, oder wenn sie sich ja darauf besonnen, ihn goutieren können?

Candide war – munkelten die alten Bedienten im Hause, – eine heimliche Liebesfrucht von ebenbesagter Schwester des Herrn Barons und einem guten ehrlichen Schlag von Landjunker aus der Nachbarschaft. Zum Gemahl hatte ihn die gnädge Baroneß nie gemocht, weil der arme Schlucker seinen Adel mit nicht mehr als einundsiebenzig Ahnen belegen konnte und weil der Rest seines Stammbaums durch den scharfen Zahn der Zeit war aufgenagt worden.

Der Herr Baron, Hans Jost Kurt von Donnerstrunkshausen, war einer der Matadore in Westfalen, denn sein Schloß hatte Tür' und Fenster, ja sogar einen austapezierten Saal. Seine Kettenhunde stellten, wenn Not an Mann kam, eine Jagdkoppel vor, seine Stallknechte die Jäger und der Priester im Dorfe den Oberschloßkaplan. Alt und jung nannte den alten Herrn Ihro hochfreiherrliche Gnaden, und wollte vor Lachen bersten, wenn er etwas erzählte."

Da bei den Abkömmlingen immer wieder neu gewürfelt wird und nach Charles Darwin über Mutation und Selektion eine Optimierung an die sich stetig verändernde Umwelt erfolgt, werden für viele Mitglieder eines Systems, die eine Elternrolle übernehmen, eigene bescheidene Positionen relativierbar. Der schon oben zitierte Carl Friedrich Gauß (1777-1855) ist ein Fall unter vielen, der, aus bescheidenen Verhältnissen stammend, auf der gesellschaftlichen Leiter als wissenschaftliche Koryphäe beeindruckend hoch gestiegen ist. Natürlich gibt es im Gegensatz dazu in vielen Lebensformen auch Eltern, deren Abkömmlinge die elterliche Position nicht mehr erreichen. Glücklicherweise können Menschen gleichzeitig und nacheinander durchaus Mitglieder verschiedener Systeme werden, in denen sie unterschiedlichste Positionen wahrnehmen. Mitglieder, die sich am Systemende vermuten, brauchen einerseits Zuspruch aus dem Gesamtsystem, der ihnen ihr ‚Schicksal' erträglicher macht, andererseits aber auch eine unabhängige ‚Rückendeckung' von außerhalb und aus sich selbst heraus. Diese Rückendeckung bieten seit alters her die Religionen und der Glaube an die Schöpfung durch einen ‚persönlichen' und ‚gerechten' Gott und die persönliche Einsicht, dass die Grundlagen der menschlichen Existenz auch dem Zufallsprinzip eines komplexen ‚göttlichen' ‚Würfelspiels' unterliegen (müssen), die eigene Würde unabhängig von der Position im System ist, und eigene Schuld zwar individuell sein kann, aber eben nicht prinzipiell vorliegt.

Die Dimension der geistigen Auseinandersetzung über das Sein und den Sinn des Menschen bleibt so gewaltig, dass die naturwissenschaftlich interpretierbare Würfelspielvariante dazu nur einen bescheidenen Beitrag liefern kann. Sicher ist auf jeden Fall, dass das Thema nicht nur den Theologen überlassen bleiben sollte. Da aus diesem Kreis, gefragt und ungefragt, naturwissenschaftliche und technische Fragestellungen auch politisch unter theologischen Aspekten kommentiert werden, liegt für das umgekehrte Vorgehen sicherlich auch ein entsprechend großes Verständnis vor.

Wie erwähnt, treten auch im sozialen Bereich Lognormalverteilungen auf, nur fehlt hier noch der anschauliche Beweis. Im Kontext dieser Arbeit ist es natürlich reizvoll, Lognormalverteilungen gerade in geowissenschaftlichen Gesellschaften aufzuspüren. Die Mitglieder einer wissenschaftlichen Vereinigung repräsentieren eine Untermenge ihres jeweiligen Berufsstandes und stellen ein relativ homogenes soziales System dar. Sie haben z. B. im Falle der Geowissenschaften vermutlich wegen vergleichbarer Neigungen, Fähigkeiten und Erfahrungen Geophysik, Geologie, Geochemie, Mineralogie, Ozeanografie, Meteorologie oder etwas Äquivalentes studiert. Jedes Mitglied weist natürlich eine Fülle von eigenen persönlichen Charakteristika auf, eine messbare mitgliedbezogene Größe wäre aber z. B. die Anzahl der Publikationen, an denen es beteiligt ist. Diese Anzahl ist sicherlich abhängig vom jeweiligen Alter des Mitgliedes, vom wissenschaftlichen Thema, von den erhaltenden Fördermitteln, von eigenen intellektuellen Fähigkeiten, vom politischen und beruflichen Umfeld und natürlich auch vom Glück. Diese Faktoren wirken vermutlich multiplikativ auf jedes Mitglied ein und sollten dann im Endeffekt eine Lognormalverteilung innerhalb eines vorgegebenen Systems ergeben. Über zwei solcher Systeme, die sogar signifikant voneinander abweichen, aber auch in vielfacher Hinsicht nüchtern und unparteiisch interpretierbar sind, waren auf den Webseiten der universitären Geophysikbereiche der CAU Kiel und der LMU München gut zusammengestellte Daten von Publikationslisten verfügbar (Stand 2009). Das Ergebnis dieser Recherche ist in der Abb. 2.33 wiedergegeben. Die Grafiken repräsentieren sicherlich nur eine Momentaufnahme der beiden Institute. Vermutlich weisen alle anderen geophysikalischen Universitätsinstitute ebenfalls lognormale Verteilungen auf. Diese Verteilungen werden wesentlich durch die Anzahl der publizierenden Institutsangehörigen sowie durch die höchste individuelle Publikationsanzahl determiniert. Flache oder steile Lognormalverteilungen könnten dann wie im vorliegenden Fall auf unterschiedliche Komplexitäten der jeweiligen Standorte hinweisen.

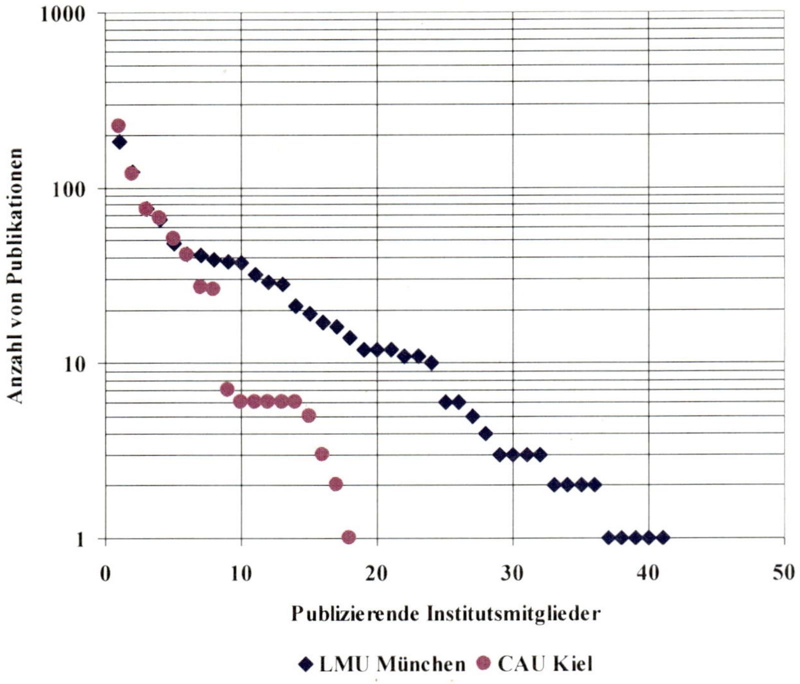

Abb. 2.33 ‚Soziale' Lognormalverteilung der Publikationsanzahl von Mitarbeitern zweier universitärer Geophysikinstitute in Deutschland

2.18 Das Buch Hiob

Auch in der Antike hat sich der Mensch mit der hier erörterten Problematik vom Wissen um die Rohstoffsuche als Teil des menschlichen Überlebens und um menschliche Weisheit im Allgemeinen auseinandergesetzt. Kapitel 28 im Buch Hiob des Alten Testaments (5. bis 3. Jahrhundert v. Chr.) ist dafür ein beredtes Beispiel und sei daher inmitten hier überwiegend naturwissenschaftlicher Ausführungen vollständig zitiert, auch wenn in der Grafschaft Bentheim das Bergmännische nicht Gold und Kupfer und andere Erze sind, sondern fließfähige Rohstoffe wie Erdöl und Erdgas:

„Ja, für Silber gibt es einen Fundort und eine Stelle für Gold, wo man es auswäscht. Eisen wird aus dem Erdreich hervorgeholt, und Gestein schmilzt man zu Kupfer. Man setzt der Finsternis ein Ende und durchforscht bis zur äußers-

ten Grenze das Gestein der Dunkelheit und Finsternis. Man bricht einen Schacht fern von dem [droben] Wohnenden. Vergessen von dem Fuß [, der oben geht], baumeln sie, fern von den Menschen schweben sie. Die Erde, aus der das Brot hervorkommt, ihr Unteres wird umgewühlt wie vom Feuer. Ihr Gestein ist die Fundstätte des Saphirs, und Goldstaub [findet sich] darin. Ein Pfad, den der Raubvogel nicht kennt und den das Auge der Königsweihe nicht erblickt hat, – nie hat das stolze Wild ihn je betreten, der Löwe ist auf ihm nicht geschritten. Nach dem harten Gestein streckt man seine Hand aus, wühlt die Berge um von Grund auf. In die Felsen treibt man Stollen, und allerlei Kostbares sieht das Auge. Die Sickerstellen von Wasseradern dämmt man ein, und Verborgenes zieht man hervor ans Licht.

Aber die Weisheit, wo kann man sie finden, und wo ist denn die Fundstätte der Einsicht? Kein Mensch erkennt ihren Wert, und im Land der Lebendigen wird sie nicht gefunden. Die Tiefe sagt: In mir ist sie nicht! – und das Meer sagt: Nicht bei mir! Geläutertes Gold kann für sie nicht gegeben und Silber nicht abgewogen werden als Kaufpreis für sie. Sie wird nicht aufgewogen mit Gold aus Ofir, mit kostbarem Schoham-Stein oder Saphir. Gold und Glas sind ihr nicht vergleichbar, noch läßt sie sich eintauschen gegen ein goldenes Gerät. Korallen und Bergkristall brauchen gar nicht erwähnt zu werden; und ein Beutel [voller] Weisheit ist mehr [wert] als [ein Beutel voller] Perlen. Nicht vergleichbar mit ihr ist Topas aus Kusch; mit dem reinsten Gold wird sie nicht aufgewogen. Die Weisheit nun, woher kommt sie, und wo denn ist die Fundstätte der Einsicht? Verhüllt ist sie vor den Augen alles Lebendigen, und vor den Vögeln des Himmels ist sie verborgen. Der Abgrund und der Tod sagen: [Nur] vom Hörensagen haben wir mit unsern Ohren von ihr gehört.

Gott ist es, der Einsicht hat in ihren Weg, und er kennt ihre Stätte. Denn nur er blickt bis zu den Enden der Erde. Unter dem ganzen Himmel schaut er aus, um dem Wind ein Gewicht zu bestimmen; und die Wasser begrenzte er mit einem Maß. Als er dem Regen eine Ordnung bestimmte und einen Weg der donnernden Gewitterwolke, da sah er sie und verkündigte sie, er stellte sie hin und erforschte sie auch. Und zu dem Menschen sprach er: Siehe, die Furcht des Herrn, sie ist Weisheit, und vom Bösen weichen, [das] ist Einsicht."

Um im Kontext Hiobs zu bleiben, wurden z. B. über die letzten 1000 Jahre Bunt- und Edelmetalle bis zur unmittelbaren Gegenwart bergmännisch untertage im Harz gewonnen. Der Silberfund im Rammelsberg bei Goslar 968 n. Chr. zu Zeiten König Ottos I. (912-973) (Kraume 1968) bedeutete auch für die Wikinger eine Zeitenwende, da daraufhin ihr Silberhandel in Europa und ihre "piratische" Macht zusammenbrachen.

Der Harz mit seiner Landschaft und seinen Städten wie Goslar (Abb. 2.34) und Wernigerode ist sicherlich grandioser als die Grafschaft Bentheim. Dafür gibt es dort aber weder Erdöl noch Erdgas. Eine entsprechende Suche ist vor über 20 Jahren erfolglos geblieben (Führer 1988). Allerdings weisen die geophysikalischen Daten dieser Suche zusammen mit Daten aus geowissenschaftlichen Großprojekten deutscher Universitäten und Forschungseinrichtungen daraufhin, dass die Harzregion schon vor ca. 300 Millionen Jahren möglicherweise der grandioseste Teil des variszischen Gebirges Mitteleuropas war. Die höchsten Gipfel, magmatische und vulkanische Aktivitäten, Regenwälder in den Tälern und ein Sahara-ähnliches riesiges zerklüftetes Trockengebiet im nordwestlichen Vorland waren die Rahmenbedingungen. Diese Erkenntnis kann unter anderem aus der Beobachtung gewonnen werden, dass nur noch hier wahrscheinliche Reste der alten Gebirgswurzel unterhalb der heutigen Krusten-Mantel-Grenze in ca. 30 km Tiefe anzutreffen sind (Brink 2011). Bergmännisch in Hiobs *Dunkelheit und Finsternis* des Erduntergrundes einzudringen und nach Verborgenem zu suchen, war bei dieser geophysikalischen Kampagne nicht erforderlich.

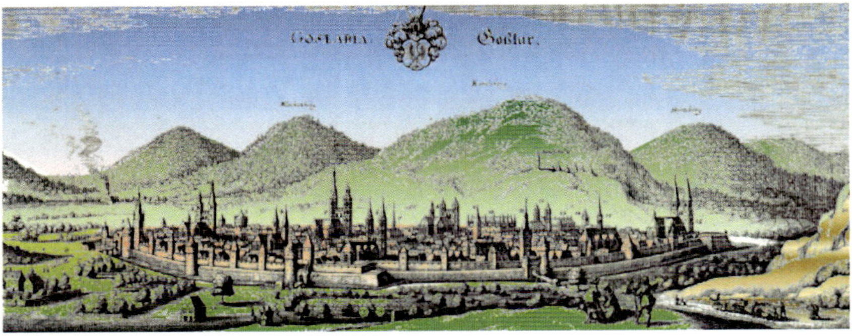

Abb. 2.34 Bergbaustadt Goslar (Harz) in Front des Silber führenden Rammelsberges, Originalkupferstich von Merian, 17tes Jahrhundert, aus "Topographia Saxoniae inferioris", koloriert.

2.19 Fazit I

Prozesse auf der Erde wie die Bildung von Systemen von Erdöl- und Erdgasfeldern, auch die der Grafschaft Bentheim, sind wie in einem Kasino den Würfeln der Natur überantwortet und werden dabei unsichtbar gesteuert von einer Auswahl der Regeln des Spiels, die man als Naturgesetze versteht (Eigen und Winkler, 1975). Die Komplexität eines Systems bzw. die Differenziertheit seiner ‚Mitglieder', die in anthropogenen Systemen u. a. denkende, selbstreflektierende, rückkopplungsfähige, streitbare und ehrgeizige auf Rangfolgeänderung bedachte Individuen (auch Grafschafter!) sind, wird dabei bestimmt durch die Anzahl der einwirkenden Parameter (ggfs. verstärkt durch unterschiedlichste Charaktereigenschaften). Wie beim Würfelspiel sind auch in der Exploration nach Erdöl und Erdgas Glück und Pech, Zufall und Notwendigkeit, Vergangenes und Zukünftiges unlösbar miteinander verbunden, sowohl auf wissenschaftlicher und wirtschaftlicher wie auf individueller und sozialer Ebene. All dies liefert schlussendlich einen Zugang zu allgemeinen Fragen nach der naturwissenschaftlich – göttlichen Sinngebung (siehe Kapitel Schlussfolgerungen).

Eben: „Alea iacta est!“ Auch in der Grafschaft Bentheim!

3. Kosmische und geodynamische Ordnungsfaktoren der Erde und die Entstehung des Lebens

3.1 Einleitung

Die Analyse der Lognormalverteilungen und ihre naturwissenschaftliche sowie naturphilosophische Deutung wurde im vorangegangenen Kapitel exemplarisch und stellvertretend für andere Regionen in Deutschland und der Welt anhand eines geografisch eingeschränkten Gebietes und anhand von Regeln des Würfelspiels durchgeführt. Nun weisen auch die Impaktkrater der Erde eine Lognormalverteilung (Abb. 3.1) auf, die auf ein kosmisches Spiel schließen lassen, folgt man der Monte-Carlo Analyse sowie den Aussagen der Erdölexploration – wie exemplarisch an der Grafschaft Bentheim dargestellt –, und das unzweifelhaft einen Einfluss auf die Entwicklung der Erde gehabt hat. Die Impaktgrößenverteilung ist sicherlich eine Funktion von Asteroidenmasse und -größe, seiner Zusammensetzung, seiner kosmischen Geschwindigkeit, des Einschlagwinkels und der vielen unterschiedlichen geophysikalischen, geologischen und petrophysikalischen Parameter der ozeanischen oder kontinentalen Erdkruste an der Aufschlagstelle. Als bedeutender Impaktkrater gilt der ca. 65 Millionen Jahre alte Asteroideinschlag von Chixculub auf der Yucatan-Halbinsel in Mexiko (Abb. 3.2), der am Massensterben an der danach definierten geologischen Kreide-Tertiär-Grenze maßgeblich beteiligt gewesen sein soll. Dieser Einschlagkrater ist inzwischen unter mächtigen Sedimenten verborgen, wie möglicherweise viele andere auch. Die angegebene Lognormalverteilung der irdischen Impaktkrater kann deshalb nicht vollständig sein. Diese Feststellung hat sicherlich Auswirkungen auf die wissenschaftliche Analyse der Impaktgeschichte der Erde, die bis auf weiteres kontrovers bleibt.

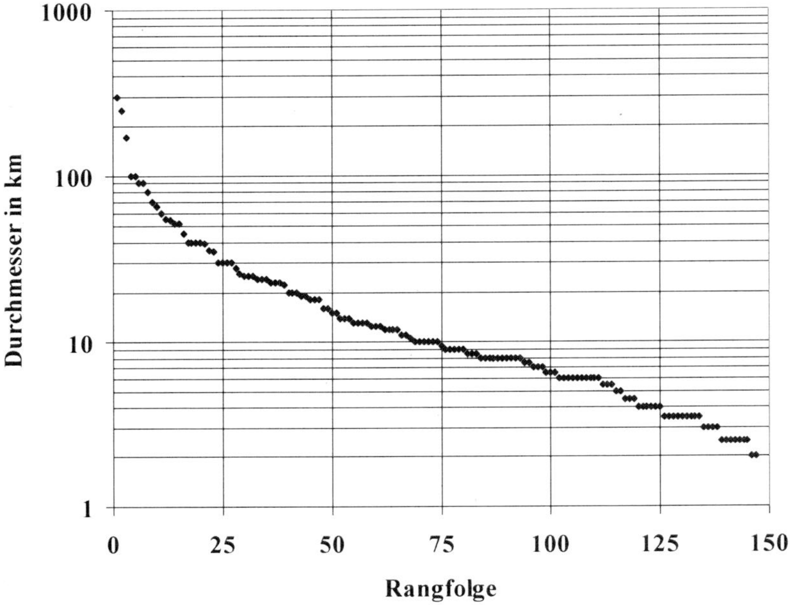

Abb. 3.1 Lognormalverteilung der ca. 150 bekannten Impaktkrater auf der Erde mit einem Durchmesser > 2 km (nach ‚Earth Impact Database')

Wie wir erfahren haben, hat der stetige Energiezufluss aus dem Innen- und Außenraum der Erde geologisch-geophysikalische Rahmenbedingungen für eine Welt mit höherer Ordnung bis hin zur Entstehung des Lebens inklusive des Menschen geschaffen. Das Universum um die Erde herum hat ca. 14 Mrd. Jahre darauf warten müssen, dass es durch ein in ihm und aus ihm heraus geborenen Wesen mit intelligenten Möglichkeiten, dessen Basisentwicklung erst in den letzten ca. 4 Milliarden Jahren aus bescheidenen Anfängen heraus erfolgte, überhaupt als das, was es ist, erkannt werden konnte. Gleichzeitig wurden auf der Erde Millionen Jahre lange Prozessergebnisse dieser Entwicklung im Untergrundgestein archiviert und bedeutende Mengen von üblicherweise lebensaufbauendem Kohlenstoff in Form von Kalkablagerungen, Kohlen und ‚Schwarzschiefern' der sich entwickelnden Biosphäre lebenserhaltend durch Tod und subsequenter Deponierung entzogen. Teile dieses Archivs werden heutzutage beschleunigt in die Kreisläufe der Erdoberfläche zurückgebracht.

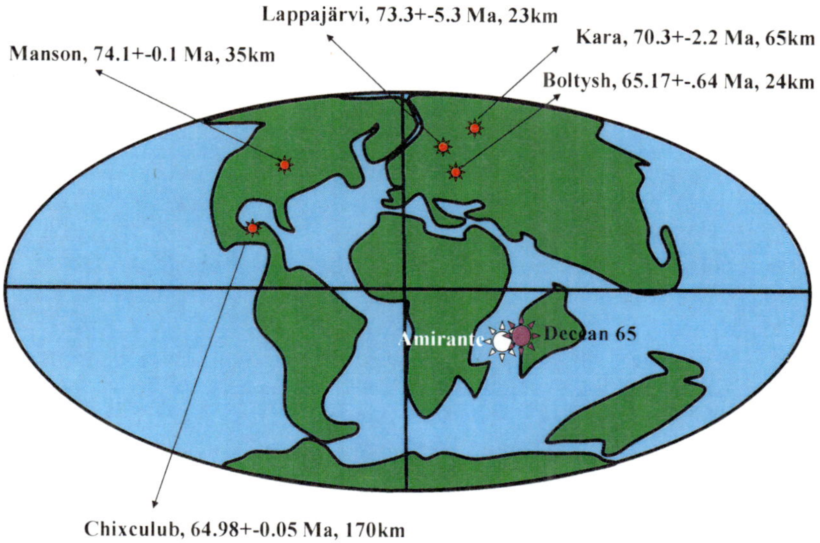

Abb. 3.2 Plattentektonische Situation zur Einschlagzeit des Chixculub Asteroiden vor ca. 65 Millionen Jahren. Zur gleichen Zeit erzeugte der Boltysh Asteroid einen Impaktkrater in Russland. Drei weitere Asteroiden waren schon 5-9 Jahre früher auf die Erde niedergegangen, auf die aber nicht näher eingegangen wird. Mit ca. 65 Millionen Jahren sind auch die Flutbasalte der Deccan Traps in Indien ungefähr gleichaltrig wie das Chixculub Ereignis. Sie könnten eventuell mit dem zirkularen Amirante Becken im Indischen Ozean nördlich von Madagaskar in Beziehung stehen. Hintergrundkarte nach Golanka (2000) für das Zeitintervall von 81-58 Millionen Jahren.

Dabei wird die Biosphäre von eigenen Mitgliedern nachhaltig verändert, so wie es schon öfter in der Erdgeschichte geschehen ist. Im folgenden wird nun versucht, geodynamische Aspekte aufzuspüren, die Zeugnisse ablegen können für den „intrinsisch angelegten Drang“ der Erde zu immer höheren Ordnungen vom Kern über den Mantel bis hin zur Erdoberfläche. Dabei müssen wir tief in die Erdgeschichte einsteigen und auf ein großes Repertoire an gegenwärtigem Wissen zurückgreifen, wobei kein Anspruch auf Vollständigkeit erhoben wird.

Basierend auf der Analyse langperiodischer geodynamischer Zyklen wie Meeresspiegelschwankungen, Variationen der kontinentalen Schelfgebiete, Änderungen in der Gesamtgröße der Gebirge, globale magmatische Aktivitäten, Füllung sedimentärer Becken und anderer geologischer und geophysikalischer Prozesse und ihrer speziellen Beziehungen, folgerte der Autor (Brink 2006) auf ein mögliches phanerozoisches Rückkopplungssystem zwischen Mond (Gezeitenkräfte), Ozean, Magmenaufstieg und der Entwicklung kontinentaler Kruste. Die Fluchtrate des Mondes konnte konfliktlos bis zurück in die Frühzeit der Erde unter Berücksichtigung der globalen phanerozoischen

Zyklen, des Wachstums der Kontinente, der Füllung der Ozeane und der Mondentstehung abgeleitet werden. Der Mond soll sich Canup und Asphaug (2001) zufolge durch das Hinauskatapultieren größerer Trümmermassen nach einem Zusammenstoß der frühen Erde mit einem planetarischen Himmelskörper von beachtlichem Ausmaß (etwa Marsgröße) vor ungefähr 4450 Millionen Jahren gebildet haben. Der vorlunare Trümmerschwarm verband sich in kurzer Zeit außerhalb der Roche-Grenze von 3-5 Erdradien (ungefähr 20 000 - 30 000 km) zum späteren Mond. Diese Grenze ist ein Kriterium zur Bewertung der inneren Stabilität eines einen Planeten umkreisenden Mondes. Außerhalb überwiegen die Gravitationskräfte, die den Mond innerlich zusammenhalten, innerhalb die Gezeitenkräfte, die ihn zerreißen. Ungefähr 50 Millionen Jahre später entwickelte sich auf der Erde eine sehr frühe Kruste und flüssiges Wasser füllte die ersten topografischen Senken. Dies wird durch die Analyse eines 4404 +/- 8 Millionen Jahre alten Zirkonkristalls unterstützt, der in den Jack Hills im Narryer Gneiss Terrane, Yilgarn Craton, Westliches Australien gefunden wurde (Wilde et al. 2001). Dieser Zirkon mit einem speziellen Sauerstoffisotopenverhältnis, wie es sich anscheinend nur bilden kann, wenn suprakrustales Magma unter niedrigen Temperaturen mit einer flüssigen Hydrosphäre interagiert, stellt somit den frühesten Beweis für die Existenz von kontinentaler Kruste und Ozean auf der Erde dar. Das Verhältnis der Sauerstoff-Isotope mit den Massenzahlen 18 und 16 ist temperaturabhängig. Bei der Verdunstung wird das leichtere ^{16}O-Isotop bevorzugt. Dadurch verschiebt sich das Verhältnis von ^{18}O : ^{16}O im Wasser, das ^{18}O-Isotop wird relativ angereichert.

Außer dem Mond trugen zur Evolution der Erde noch andere Himmelskörper entscheidend bei. Dies schließt Asteroiden und Kometen mit ein, die das Wasserinventar der Erde ergänzten (Dauphas et al. 2000). Am Ende der Füllung der Ozeane, zu der die Entgasung der Erde den bedeutendsten Teil beitrug, bedeckten ungefähr 4000m Hydrosphäre eine überwiegend kontinentfreie und deshalb schelffreie hadaische Erde (im Hadaikum bis vor ca. 3800 Millionen Jahren, siehe Tab. I).

Als die Füllung des Ozeans begann, war der Mond ungefähr 30 000 km von der Erde entfernt. Innerhalb von ca. 600 Millionen Jahren wanderte der Mond aus dieser Umlaufbahn heraus in eine mit der 10fachen Entfernung von ungefähr 300 000 km. Annehmend, dass Gezeitenkräfte im sich entwickelnden Ozean der einzig treibende Mechanismus für die Mondflucht waren, wird ein aktives den gesamten Meeresboden bedeckendes „Schelfgebiet" zur hadaischen Mondfluchtrate sowie zur Evolution der Erdrotation beigetragen haben. Über die Entwicklung der Erde-Mondentfernung können Änderungen des mittleren Gezeitenhubs und der Gezeitenströmungsgeschwindigkeiten abgeleitet werden. Während der frühen Phase der Ozeanbildung zu dem Zeitpunkt, an dem die Erde zum ersten Mal vollständig mit Wasser bedeckt wurde, mag der

Gezeitenhub 10 mal größer als heute gewesen sein. Die Gezeitenströmungsgeschwindigkeiten waren vermutlich um einen Faktor 3 stärker als der gegenwärtige mittlere Wert. Unter solchen Bedingungen waren erosive Kräfte um ein Vielfaches höher als heute, Sedimentationsprozesse dagegen von geringerer Bedeutung. Die Hydrosphäre bewegte wahrscheinlich eine große Menge erodierten Materials um die Erde herum. In der Zeit davor müssen Gezeitenhub und Gezeitenströmungsgeschwindigkeiten dramatisch hoch gewesen sein (Brink 2006). Sollte der Beginn des Lebens auf der Erde diese Zeit umfassen, wären Gezeitentümpel als potenzielle Brutplätze Orte mit extremsten Umweltbedingungen gewesen.

Der langperiodische geodynamische Zyklus globaler magmatischer Aktivität (Periodizität: ca. 300 Millionen Jahre) als wichtiger Pfeiler im phanerozoischen Rückkopplungssystem steht in enger Beziehung zu den Konvektionszellen im Erdmantel, deren Indikatoren an der Erdoberfläche durch „Spreading"-Zentren an mittelozeanischen Rücken und Vulkanismus an Subduktionszonen repräsentiert werden. Diese plattentektonischen Prozesse werden magmatisch durch singulär aktive „Mantelplumes" (s. u.) ergänzt. Brink (2005a, b, 2009) zufolge haben eventuell mehrere dieser „Mantelplumes" entscheidenden Einfluss auf die Entwicklung Öl und Gas führender Sedimentbecken gehabt, deren Entstehung durch metamorphe Prozesse in der Unterkruste als Folge eines komplementären höheren Wärmeflusses und subsequenter Bildung einer topografischen Senke initiiert worden sind. Einige dieser „Mantelplumes" wurden anhand ihrer Flutbasalteruptionen identifiziert, andere durch vulkanische Eruptionen, auf die man bei Bohrungen in Sedimentbecken gestoßen ist, oder auch durch das Auftreten sogenannter „Hotspot"-Vulkane. Sedimentbecken, die eventuell einen „Mantelplume" als wichtige Ursache ihres Ursprunges aufweisen, sind das Norddeutsche Becken, das Timan-Pechora Becken in Russland, das Sirte Becken in Libyen, das Westsibirische Becken in Russland, das Pannonische Becken in Ungarn, das Dniepr-Donez Becken in der Ukraine und das Sichuan Becken in China. Da die basaltischen Flutbasalteruptionen auf dem Mond höchst wahrscheinlich die Folgen von Einschlägen größerer Himmelskörper sind, wird häufig angenommen, dass auch einige der großen Flutbasaltprovinzen der Erde einen ähnlichen Ursprung haben. Sollte das zutreffen, wären auch Flutbasalt generierende Asteroidimpakte astronomische Ereignisse mit der Kapazität, auf die Entwicklung der Erde Einfluss zu nehmen. Im Folgenden wird versucht, kosmische Impakte, „Mantelplumes" und vulkanische „Hotspots" sowie ihr Einfluss auf die Entstehung des Lebens unter Zugriff auf publizierte Daten und deren integrative Analyse genauer zu untersuchen. Dabei wird auf ein umfangreicheres Kapitel des Autors (Brink 2011) in einer Publikation mit mehreren Autoren zurückgegriffen, in dem es im Wesentlichen um Basalte ging. Über Prozesse im Rahmen der Bildung und Füllung von Sedimentbecken und deren Archivierungspotenzial u. a. für abgestorbenes Leben berühren sich geodynamische Würfelspiele wie im ersten Hauptteil beschrieben mit den kosmischen Würfelspielen des bis heute noch episodisch auftretenden Meteoriten- und Asteroidenbombardements.

3.2 Asteroidengürtel und spätes schweres Bombardement

Zusätzlich zur Akkretion des Mondes müssen weitere Folgen des Zusammenstoßes zwischen der Proto-Erde und dem planetarischen Körper angenommen werden. Dies schließt ein, dass die Erde fast vollständig wieder aufgeschmolzen ist, jede primäre Atmosphäre verschwand, und Material vom Impaktor in die neue Erde integriert wurde. Die Trümmer, die nach Geburt des Mondes in einer Umlaufbahn verblieben, wurden von Erde und Mond kontinuierlich gravitativ angezogen, was für weitere Millionen Jahre ein intensives Impaktszenario bedeutete. Die Formation des Erdkerns verlief gleichzeitig mit der Akkretion und der Kern des Mars großen planetarischen Himmelskörpers wurde fast unverzüglich mit dem Kern der Proto-Erde vereint. Später zerstörten geologische Aktivitäten jegliche Aufzeichnung dieser sehr frühen Bombardierung an der Oberfläche. Glücklicherweise wurden Relikte dieses frühen Impaktszenarios an anderer Stelle kaum signifikant verändert. Zahlreiche Gesteinsdaten von Apollo-Missionen zeigen, dass der Mond intensiv durch ein postakkretionäres Bombardement zwischen ca. 4.45 und 3.85 Milliarden Jahren getroffen wurde (z. B. Wilhelms 1987). Basierend auf einem ausführlichen Studium aller lunaren Daten (Apollo, Luna, und lunare Meteoriten) postulierten u. a. Tera et al. (1974) und Ryder (1990) eine kurze und intensive („Spike"-ähnliche) späte schwere Bombardierungsperiode vor ca. 3.85 Milliarden Jahren. Einige Forscher wie z. B. Baldwin (1974) und Hartmann (1975) bezweifeln diese Interpretation aber und ziehen ein Modell mit einer kontinuierlichen Abnahme der Impaktrate vor. Die gewaltige Materialmenge betrachtend, die im Inneren des Sonnensystems zu dieser Zeit „eingesammelt" wurde, und Probleme damit, aus dem Asteroidengürtel zwischen Mars und Jupiter (Abb. 3.3) auf diese Masse zu schließen, veranlassten Koeberl (2004) zu der Aussage, dass der Kuiper Gürtel außerhalb der Umlaufbahn des Neptuns eine zusätzliche Quelle für Impaktkörper während des Bombardement-„Spikes" gewesen sein könnte, möglicherweise beeinflusst von der späten auswärtsgerichteten Wanderung des Neptuns. Planetenbildungsmodelle, berechnet von Bottke et al. (2005), deuten an, dass der primordiale Asteroidengürtel kurz nach der Formation planetarischer Embryonen eine kurze, aber starke Periode kollisionaler Evolution erfuhr. Diese Periode hat möglicherweise solange gedauert, bis Jupiter seine volle Größe erreichte, als dynamische Prozesse die meisten Planetesimale vom Asteroidengürtel abstießen. Die wenigen zurückbleibenden Planetesimale wurden bis heute mit einer geringeren Rate fragmentiert. Rahmenbedingungen für die Modelle waren die beobachtete Größenhäufigkeitsverteilung im Asteroidengürtel, die beobachtete Population von Asteroidfamilien, die verkraterte Oberfläche des differenzierten Vesta Asteroiden und die relativ beständige Kraterproduktionsrate von Erde und Mond über die letzten 3 Milliarden Jahre.

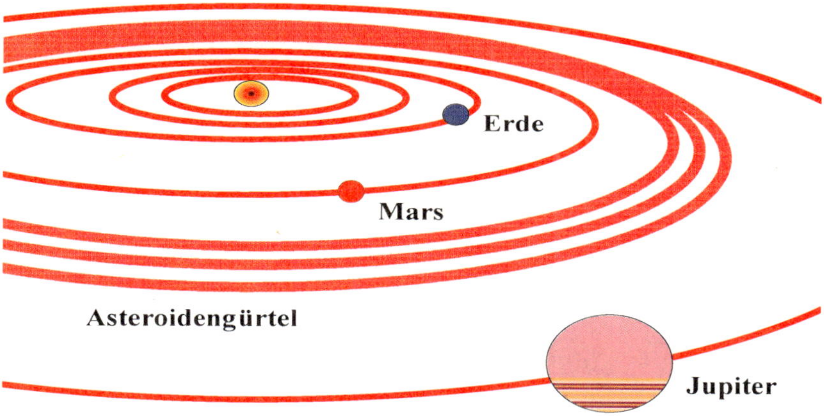

Abb. 3.3 Einige Planetenbahnen und der Asteroidengürtel des Sonnensystems

Das beste Ergebnis führte zu der Interpretation, dass der Asteroidengürtel eine genauso starke Fragmentierung in seiner frühen Geschichte von 4.45 bis vor 3.85 Milliarden Jahre erlitt, als er seinen geringen Massestatus erreichte, wie in der Zeit danach bis heute (Bottke et al. 2005). Diese Ergebnisse lassen vermuten, dass die Größenhäufigkeitsverteilung des Asteroidengürtels das "Fossil" einer gewaltsamen frühen Epoche ist. Abschätzungen, die auf diesen Ergebnisse basieren, deuten an, dass die Population des primordialen Asteroidengürtels (Durchmesser einzelner Körper < 1000 km) 150-250 Mal größer war als heute.

3.3 Impaktgeschichte der Erde

Die Impaktgeschichte der Erde zu analysieren ist ein schwieriges Unterfangen. Sie ist der endogen aktivste terrestrische Planet und konnte deshalb wenig von dem bewahren, was die Oberfläche anderer terrestrischer Planeten in geologischer Zeit so dominant geformt hat (Therriault et al. 2002). Aktuell bekannt sind mehr als 160 Impaktstrukturen oder Kraterfelder (Abb.3.4 und 3.5). Ungefähr 30% aller bekannten Impaktstrukturen liegen unter Sedimenten begraben und wurden ursprünglich anhand ihrer geophysikalischen Anomalien postuliert. Gesteinsproben aus Bohrungen halfen dann bei der weiteren Analyse. Schockspuren in Quarzkristallen dienen dabei als untrügerische Indikatoren.

Auch wenn oft der letzte Nachweis fehlt, können indirekte Anzeichen durchaus wertvolle Beiträge zu einem verbesserten Verständnis der Impaktgeschichte der Erde liefern. Solche Anzeichen schließen geologische Signale potenzieller großer Impakte wie kraton-assoziierte kontinentale Flutbasalte und gleichzeitiges Massensterben mit ein. Sie haben sich viel zu oft während der vergangenen 400 Millionen Jahre ereignet, als dass es rein zufällig hätte eintreten können (Morgan et al. 2004). Da es nur eine Chance von acht gibt, dass ein synchroner Impakt mit kontinentalen Flutbasalteruptionen und einem Massensterbeereignis zusammenfällt, gibt es zum jetzigen Zeitpunkt geologische Beweise für vier solcher 'Zufälle', was auf eine kausale Beziehung hindeutet.

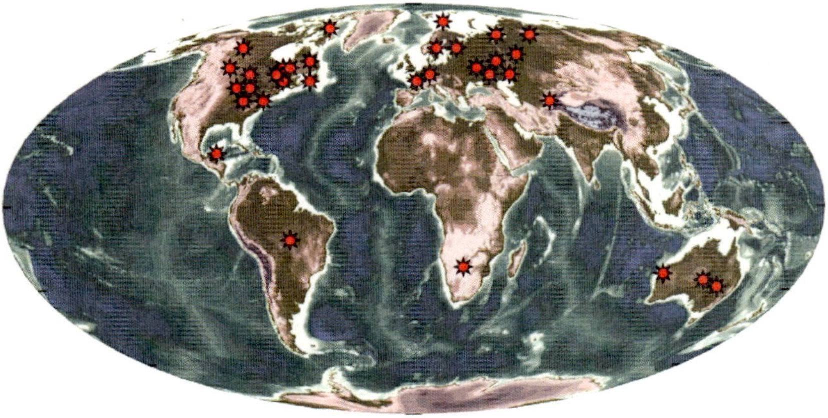

Abb. 3.4 Impaktkrater auf der Erde, Durchmesser > 20 km, Quelle: Earth Impact Database, Hintergrundkarte: Modifizierte topografische Karte der Erde in einer horizontalen Auflösung von 15 Minuten, abgeleitet von der National Geophysical Data Center's Terrain Base, Digital Terrain Model (v1.0). [http://www.ngdc.noaa.gov/seg/fliers/se-1104.shtml TerrainBase Digi]. Datum: 7. März 2007. Quelle: English Wikipedia, Author: Plumbago. In weiteren Abbildungen wird die gleiche Hintergrundkarte verwendet.

Der katastrophale Chixculub Impakt an der Kreide-Tertiär-Grenze (vor ~ 65 Ma (K-T)) korreliert mit einem bedeutenden Massensterben. Ob aber andere wichtige erdgeschichtlich nachgewiesene Aussterbeereignisse, einschließlich des der sogenannten "Mutter allen Massensterbens" an der Perm-Trias-Grenze, durch riesige Impaktkatastrophen ausgelöst wurden, wird immer noch kontrovers diskutiert (z. B. Morgan et al. 2004, Glikson 2005). Da das ~ 65 Ma (K-T)-Ereignis von Chixculub vermuten lässt, dass große Impakte nicht automatisch Flutbasalteruptionen auslösen, schlagen Morgan et al. (2004) sogenannte 'Verneshot'-Ereignisse als Ursachen des Massensterbens vor, sollte ein Impaktor nicht in Frage kommen.

Diese Ereignisse sollen im Rahmen eines „Mantelplume"-Aufstiegs durch das explosive Austreten kohlenstoffreicher Gasmengen aus der kontinentalen Lithosphäre ausgelöst worden sein, was typischer Weise mit dem Beginn eines kontinentalen Riftings assoziiert wird. Diese Phase abrupter CO_2/CO und SO_2 Freisetzung hätte tödliche Folgen und würde den primären Mechanismus des Massensterbens liefern.

Allerdings weist Glikson (2005) daraufhin, dass Morgan et al. (2004) drei Überschneidungen zwischen den Zeitpunkten extraterrestrischer Impakte, vulkanischer Ereignisse und Massensterben und drei Überschneidungen zwischen den Zeitpunkten extraterrestrischer Impakte und vulkanischer Ereignisse übersehen hat. Diese Überschneidungen lassen vermuten, dass sowohl extraterrestrische Impakte wie auch Vulkanismus getrennt oder gemeinsam Auslöser für ein Artensterben waren. Ein etwas länger andauernder Impaktschwarm überlappt das Artensterben am Ende des Devons (~ 374-360 Ma). Weitere Impakt-Artensterben-Ereignisse überschneiden sich am Ende des Jura (~ 145-142 Ma), im Apt (~ 125-112 Ma), im Cenoman-Turon (~ 95-94 Ma), an der K-T-Grenze (~ 65 Ma) und im Mittel-Miozän (~ 16 Ma).

Es gibt auch eine kommerzielle Seite der Impaktereignisse, da weltweit einige Impaktstrukturen reiche Erzlagerstätten enthalten wie die Gold-Uran-Provinz des Witwatersrand-Beckens in Südafrika und die Nickel- und Platinprovinz der Sudbury-Struktur in Kanada, und wichtige Kohlenwasserstoffressourcen, besonders in Nordamerika (Pati und Reimold 2007).

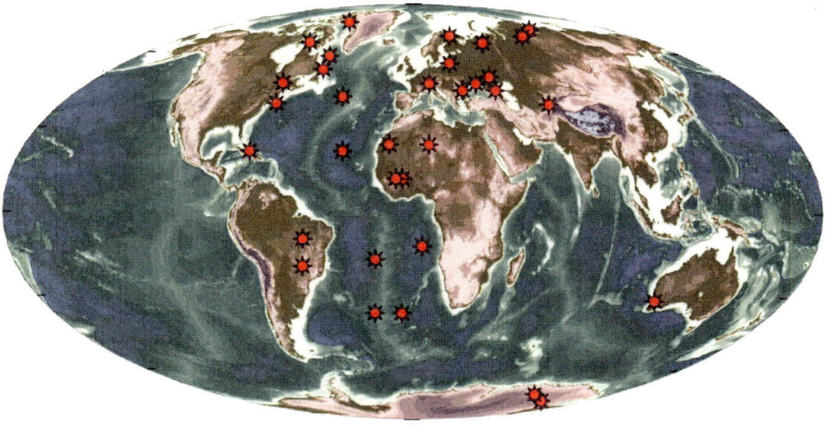

Abb. 3.5 Impaktkrater auf der Erde, Durchmesser > 20km, Lokationen um die Kontinentaldrift korrigiert, Hintergrundkarte: s.o.

3.4 "Mantelplumes", kontinentale Flutbasalteruptionen und vulkanische „Hotspots"

Das plötzliche Austreten großer Mengen basaltischer Laven, dessen Ausmaß übliche vulkanische Aktivitäten um ein Vielfaches übersteigt, wird Flutbasalteruptionen zugeordnet. Die größten Flutbasaltereignisse weisen auf die früheste vulkanische Aktivität von vielen bedeutenden vulkanischen „Hotspots" hin, die als Oberflächenderivate von tiefen „Mantelplumes" (Abb. 3.6) interpretiert werden (Abb. 3.7 und 3.8). Die relativen Volumen der Schmelz- und Eruptionsraten von Flutbasalten und „Hotspots" sowie ihre zeitlichen und räumlichen Beziehungen werden von Richard et al. (1989) durch ein Modell der „Mantelplume"-Initierung erklärt: Flutbasalte stehen für die „Hüte" von „Mantelplumes" und „Hotspots" für den kontinuierlichen Magmatismus, der aus dem darunter liegenden Aufstiegskanal des „Plumes" gespeist wird. Kontinentales Rifting wird nicht erforderlich, obwohl es im Allgemeinen dem Flutbasaltvulkanismus folgt. Richard et al. (1989) zufolge mögen sich Flutbasaltprovinzen als eine natürliche Folge bei der Initiierung eines „Hotspots" bilden, sowohl in Ozeanbecken als auch auf Kontinenten.

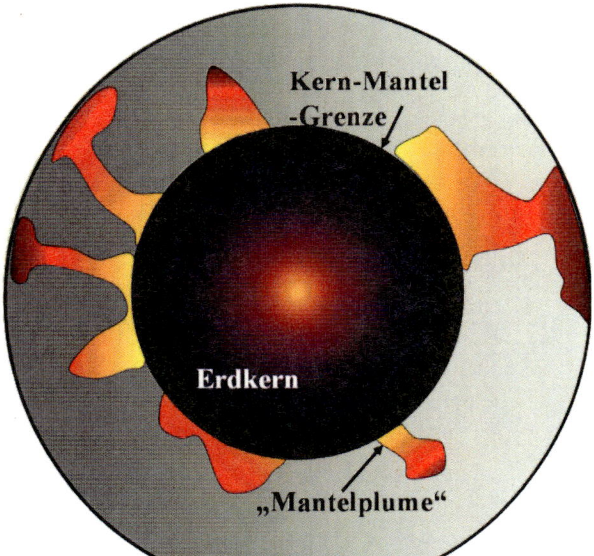

Abb. 3.6 Globale Ansichtsskizze von aufsteigenden „Mantelplumes", nach einer Computersimulation von Minnesota supercomputing lab (siehe auch: http://banzai.msi.umn.edu/projects.html).

Ob „Mantelplumes“ wirklich innerhalb des Erdmantels als ortsfest angenommen werden können oder ob ihre Positionen durch Mantelkonvektionsprozesse seitlich verschoben werden (Antreter 2001, Courtillot et al. 2003, Steinberger et al. 2004, Boschi et al. 2007, Cuffaro und Doglioni 2007, u. a.), wird hier nicht weiter betrachtet. Ungewissheiten in der genauen Position als Funktion der Zeit in der Größenordnung von einigen wenigen Hundert Kilometern werden als akzeptabel eingestuft, solange Raum und Zeit geologischer Ereignisse geologisch sinnvoll korreliert werden können. Verglichen z. B. mit den „Hotspots“ des pazifischen Ozeans sind die Positionen atlantischer „Hotspots“ in der geologischen Geschichte relativ stabil (Steinberger 1996).

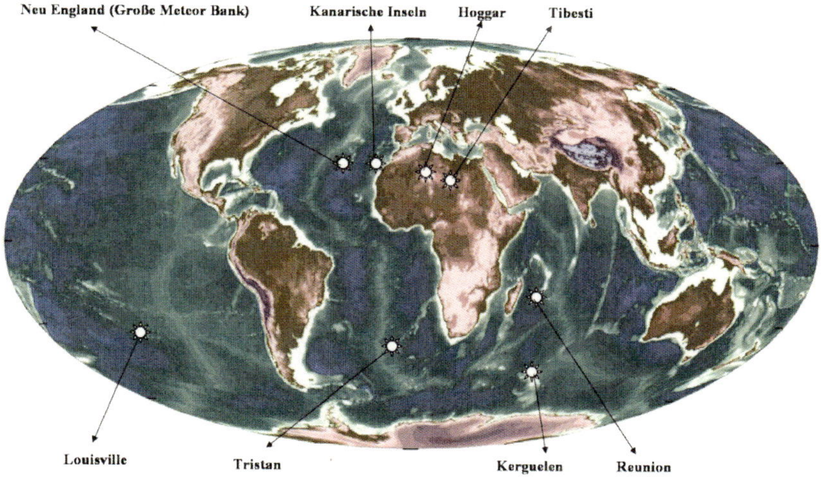

Abb. 3.7 In dieser Arbeit diskutierte vulkanische „Hotspots“, Hintergrundkarte: s.o.

3.5 Magmatische Großprovinzen: LIPs (Large Igneous Provinces)

Nach Coffin und Eldholm (1994) und Coffin et al. (2006) stellen magmatische Großprovinzen (LIPs) Kontinua voluminöser eisen- und magnesiumreicher Gesteinskomplexe dar, die kontinentale Flutbasalte sowie assoziierte Intrusivgesteine, vulkanische passive Kontinentalränder, ozeanische Plateaus, unterseeische Rücken, Gruppen unterseeischer Berge und ozeanische Flutbasalte einschließen (Abb. 3.8, 3.9 und 3.10). Volumina und Platznahmeraten, die z. B. von den zwei mächtigen ozeanischen Plateaus, Ontong Java und Kerguelen, abstammen, enthüllen die Kurzlebigkeit erhöhter globaler Produktion. LIPs ändern episodenhaft Ozeanbecken, Kontinentalränder und kontinentale Geometrien und beeinflussen die Chemie und die Physik der Ozeane und der Atmosphäre mit hoher potenzieller Umwelteinwirkung. LIPs sind möglicherweise die dominierende Art von Magmatismus auf anderen terrestrischen Planeten und Monden des Sonnensystems (z. B. Head und Coffin 1997).

Abb. 3.8 In dieser Arbeit diskutierte Flutbasaltereignisse (LIPs), Hintergrundkarte: s.o.

Auf der Erde sind LIPs-Gesteine von mittelozeanischen Rücken und subduktionsbezogenen Inselbogengesteinen auf der Basis von Gesteinskunde, Geochemie, Geochronologie, petrophysikalischer Vulkanologie und geophysikalischen Daten leicht zu unterscheiden. Kurzlebige LIPs und assoziierte kontinuierlich altersprogressive vulkanische Ketten („Hotspot“ Ketten) werden im allgemeinen einem heißen, aus dem Inneren der Erde aufsteigenden Mantel zugeschrieben (siehe z. B. Morgan 1971) und stellen so ein Fenster in die Prozesse des Erdmantels dar. Der mit LIPs assoziierte Magmatismus repräsentiert gegenwärtig ca. 10 Prozent vom Massen- und Energiefluss, der aus dem Tieferen der Erde an die Oberfläche dringt (siehe z. B. Sleep 1992). Dieser Fluss zeigt über geologische Zeiträume im Kontrast zu der relativ stabilen krustalen Zuwachsrate an den mittelozeanischen Rücken unterschiedliche episodische Aktivitäten (siehe z. B. Eldholm und Coffin 2000).

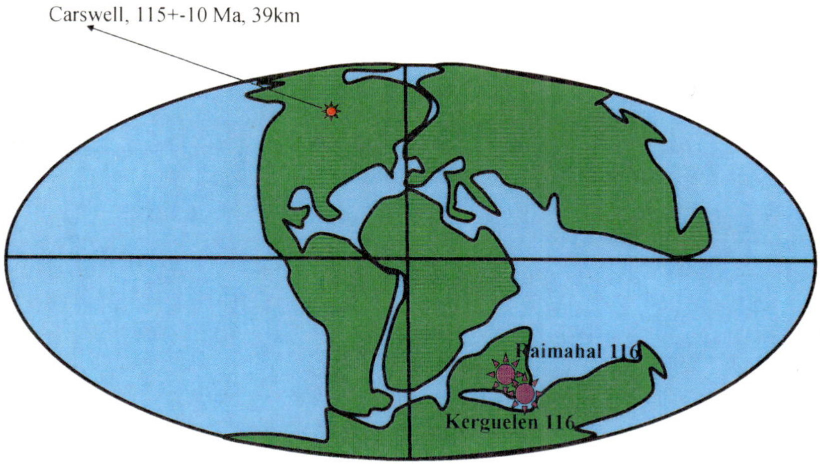

Abb. 3.9 Plattentektonische Situation während der Eruption der Flutbasalte der Kerguelen und von Raimahal vor ca. 116 Millionen Jahren. Hintergrundkarte nach Golanka (2000) für das Zeitintervall von 117-94 Millionen Jahren.

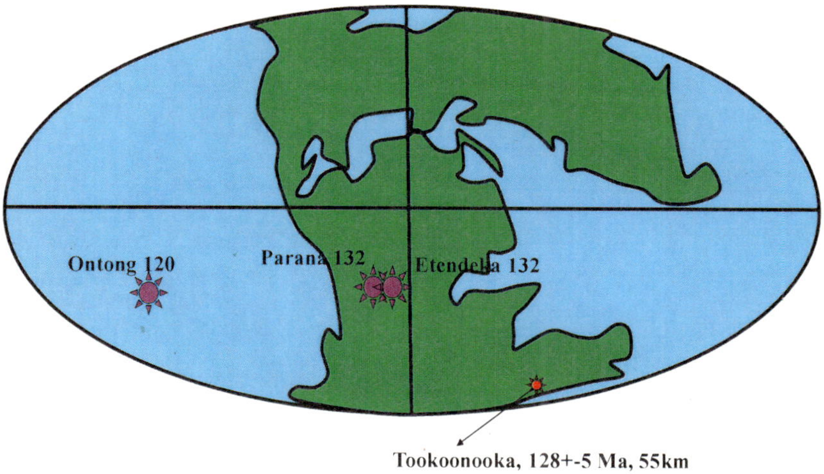

Abb. 3.10 Plattentektonische Situation während der Eruption der Flutbasalte des Ontong-Java-Plateaus vor 120 und der Paraná-Etendeka Provinz vor ca. 130 Millionen Jahren. Hintergrundkarte nach Golanka (2000) für das Zeitintervall von 135-117 Millionen Jahren.

3.6 „Mantelplumes“ und sedimentäre Becken

Unter anderem Brink (2009) zufolge repräsentieren die vorwiegend sauren vulkanischen Effusiva und auch örtlich auftretende Basalte stefanisch-permischen Alters den initialen Magmatismus in der frühen Phase der kollateralen Evolution des Norddeutschen Beckens (im Folgenden als NDB abgekürzt). Die damit einhergehende thermische Anomalie hat etwa 25 Millionen Jahre gedauert (~ 300-275 Ma). Als Folge der thermischen Aufheizung müssen metamorphe Prozesse in der Unterkruste stattgefunden haben, was zur Zunahme der Gesteinsdichten und zur Reduktion der Gesteinsvolumina geführt hat. Die sich daraufhin entwickelnde topografische Senke wurde unverzüglich mit Sedimenten gefüllt. Die Last dieser Sedimente und die andauernden metamorphen Prozesse in der Unterkuste sind wahrscheinlich die treibenden Kräfte in der Entwicklung des sich neu bildenden sedimentären Beckens geworden. Nach Brink (2005a) können Volumenverkleinerungsprozesse, die aus der Metamorphose resultieren, ca. 30% der Beckenbildung erklären. Die verbleibenden 70% werden der sich aufbauenden sedimentären Last zugeschrieben.
Die thermische Anomalie, die die Kruste des Norddeutschen Beckens im Perm beeinflusste, kann nun spekulativ mit der Spur eines „Hotspots“ verbunden werden. Gerade dort, wo sich heute der Tibesti-„Hotspot“ im Nördlichem Afrika befindet (Abb. 3.11), lag im frühen Perm um die Kontinentaldrift korrigiert das norddeutsche variszische Vorlandbecken als Unterlage des neu entstehenden NDBs. Dass das NDB keine Ausnahme in diesem skizzierten Kontext ist, kann durch die Analyse weiterer großer sedimentärer Becken demonstriert werden. So kann durchaus auch eine Beziehung zwischen der Evolution des Westsibirischen Beckens und eines „Mantelplumes“ erwogen werden, der für die Eruption der sibirischen Flutbasalte verantwortlich zeichnet (Brink, 2005 b; Saunders et al. 2005).

Im Golf von Mexiko wurden Tektonik, Subsidenz und Sedimentationsgeschichte sowie „Hotspot“-Spuren und der dazugehörige „Mantelplume“ von Bird et al. (2005) erforscht. Andere Becken mit Anzeichen für das Wirken eines „Mantelplumes“ sind wie teilweise schon oben erwähnt das Sichuan Becken (China), das Timan-Pechora Becken (Russland), die Dniepr-Donez Becken (Ukraine), das Sirte Becken (Libyen), das Nordseebecken und das Michigan Becken (USA) (Brink 2009).

Abb. 3.11 Tibestigebirge: Vertikalstabilisierer der Internationalen Raumstation über dem Emi Koussi Vulkan, Tibestigebirge, Tschad, Sahara. Der Emi Koussi ist einer der markantesten Vulkane des Tibesti Massivs im nördlichen Zentralafrika. Die dunkle, an der Erdoberfläche eruptierte Masse basaltischer Lava gilt als Merkmal eines „Mantelhotspots" unter dieser Region des afrikanischen Kontinents, Quelle: STS108-301-013 ISS and the Caribbean Sea, Image Science and Analysis Laboratory, NASA-Johnson Space Center, "The Gateway to Astronaut Photography of Earth."

<http://earth.jsc.nasa.gov/debrief/Sts108/top1.htm>.

3.7 Ursprung der "Mantelplumes"

Wie oben umrissen, spielen „Mantelplumes“ eine dominierende Rolle in der Evolution wichtiger Eigenschaften der Erdkruste. Im allgemeinen wird geglaubt, dass die Mehrheit der „Plumes“ an der Kern-Mantelgrenze entsteht. Weil dafür aber keine direkte Beobachtung verfügbar ist, scheint das Modellieren der Entwicklung von „Mantelplumes“ und das Vergleichen der Ergebnisse mit geologischen und geophysikalischen Beobachtungen der einzige Weg zu sein, ein besseres allgemeines Verständnis zu erhalten. In diesem Kontext modellierte z. B. Muller (2002) theoretische „Avalanches“ (= englischer Ausdruck für Lawinen, hier als Materialabrutschungen verstanden) der Kern-Mantelgrenze. Dem Modell zufolge würde der partielle Zusammenbruch einer topografischen Struktur an der Kern-Mantelgrenze in Form von „Lawinen“, Abrutschungen oder Turbiditströmungen (= turbulent fließende Trübe- oder Suspensionsströme) zu abrupten Temperaturänderungen führen, sowohl im flüssigen oberen Erdkern als auch im eher festen unteren Mantel. Abwärtsbewegungen als Folge solcher Ereignisse könnten Konvektionszellen im Kern stören und geomagnetische Variationen auslösen. Aufsteigende 'Sedimente' infolge eines Frierens des inneren Kerns könnten die „Avalanche“-Strukturen wiederaufbauen. Große „Avalanches“ könnten die Entstehung von „Mantelplumes“ triggern. Unter einem schrägen Winkel auftreffende extraterrestrische Impaktkörper würden zu einem Import von Scherkräften an der Kern-Mantelgrenze führen und die Entwicklung eines oder mehrerer simultaner „Avalanches“ auslösen. Dies könnte ein gleichzeitiges Eintreffen von Impakten, Streufeldern von Tektiten (bis einige Zentimeter große Glasobjekte aus geschmolzenem irdischen Material, das nach einem Asteroideneinschlag bis zu einigen hundert Kilometern fortgeschleudert wird und dabei erstarrt) und magnetischen Umpolungen erklären. Scherkräfte an der Kern-Mantelgrenze mögen auch durch die lunar kontrollierte Gezeitendissipation in den sich stetig verändernden Schelfgebieten der Erde erzeugt werden, die Teil des phanerozoischen Rückkopplungssystems der geodynamischen Zyklen sind. Wegen einer vergleichbaren Periodizität (~ 300 Millionen Jahre) zwischen Eigenschaften des magnetischen Feldes der Erde, der globalen magmatischen Aktivität und den Variationen des Meeresspiegels und der kontinentalen Schelfgebiete existiert höchstwahrscheinlich eine Beziehung unter diesen Prozessen von Kern, Mantel und Kruste, komplex verstärkt durch signifikante Phasenverschiebungen (Brink 2006). Die Rotationsgeschichte der Erde und der Wechsel von Beschleunigung und Abbremsung des Erdmantels in Bezug auf den rotierenden flüssigen äußeren Erdkern haben möglicherweise auch die Entwicklung von „Mantelplumes“ beeinflusst. Die Triggerung von „Avalanches“ kann eventuell die Koinzidenz zwischen der Bildung der größten bekannten vulkanischen Provinz (das Ontong-Java Plateau) und den Beginn der 35 Millionen Jahre andauernden stillen geomagnetischen Periode in der Kreidezeit erklären sowie beobachtete Koinzidenzen zwischen großen Flutbasalteruptionen und Artensterben. Ein getriggerter „Mantelplume" wird allerdings von der Kern-Mantelgrenze bis zur Erdoberfläche ca. 10 bis 30 Millionen Jahre benötigen (geschätzte durchschnittliche Aufstiegsgeschwindigkeit: 10-30 cm/a). Um zwischen Asteroidimpakt und den ersten Anzeichen eines „Mantelplumes" in der Erdkruste eine Beziehung herstellen zu können, muss also eine signifikante Zeitverzögerung berücksichtigt werden. Ein unmittelbares Aufschmelzen von Gesteinen der Erdkruste und des oberen Erdmantels direkt durch einen Impakt würde kein Ereignis sein, das in einer Beziehung zu einem getriggerten „Mantelplume" stehend vermutet werden könnte.

3.8 Entstehung des Lebens

Der Kompilation von Bailey (2006) folgend, begann das späte katastrophale Bombardement durch Asteroiden gerade zu einer Zeit, in der die frühesten Anzeichen von Leben auf der Erde vorliegen, was wichtige Implikationen für den Ursprung und die frühe Geschichte des Lebens gehabt haben müsste. Die Annahme dieser Katastrophe führt für die frühe Erde zu viel geringeren Impaktraten als ein Modell mit einer kontinuierlichen Abnahme von Impakten, was die Chance begründet, dass sich Leben schon sehr früh entwickelt haben könnte. Alternativ mag das späte schwere Bombardement selbst eine bedeutende Rolle für den Ursprung des Lebens gespielt haben, sei es durch die Zufuhr organischer Moleküle zur Erde, sei es durch die Bildung temporärer Umweltbedingungen, oder durch den Transport von Material zwischen den Planeten. Die größten Impaktkörper, die den Mond in der Zeit des schweren Bombardements getroffen haben und die verantwortlich sind für die Bildung der Marebecken, hatten ungefähr einen Durchmesser von 100 km. Da die Erde größer ist als der Mond, ist es statistisch wahrscheinlich, dass sie von einigen größeren Körpern getroffen worden ist. Allerdings ist es unwahrscheinlich, dass diese Körper 50 bis 100 mal massereicher waren und die Erde sterilisieren konnten. Das hätte das Leben dazu gezwungen, wieder von vorne anzufangen. Die Analyse des „Lebensbaumes" über die ribosomale RNS lässt vermuten, dass der gemeinsame Vorgänger allen Lebens hyperthermophil war (ein Organismus, der an sehr hohe Temperaturen gewöhnt war) (Stetter 1998). Dies könnte darauf hinweisen, dass das Leben in einer Umgebung mit hohen Temperaturen anfing. Eine alternative Auslegung ist, dass die Impakte des späten schweren Bombardements ein Hochtemperaturnadelöhr geschaffen haben, durch das nur hyperthermophile Organismen überleben konnten (Nisbet und Sleep 2001). Die Unwahrscheinlichkeit, dass in ihrer Wirkung sterilisierende Himmelkörper die Erde vor oder während des späten schweren Bombardements getroffen hatten, wird von der Analyse von Abramov und Mojzsis (2009) unterstützt. Sie zeigen, dass es keine glaubhafte Situation dafür gibt, dass in der belebbaren Zone in der oberen Erdkruste (oberflächennah und im tieferen Untergrund) eine primordiale (ursprüngliche) mikrobielle Biosphäre vollständig auf der Erde sterilisiert wurde, zumindest nicht seit der primären Akkretion des Planeten und dem postulierten Impaktursprung des Mondes.

Cockell (2006) zufolge bieten von Asteroiden und Kometen geschaffene Krater ein Potenzial von Lokationen mit hervorragenden Bedingungen für eine präbiotische Chemie, die sogar Darwin's 'kleine warme Tümpel' als die Stellen wieder in die Diskussion einbringen, wo das Leben beginnen konnte (Darwin 1871). Einige der hervorragenden Bedingungen wie anhaltender Kreislauf aufgeheizten Wassers werden heute im tiefen Ozean im Bereich hydrothermaler Systeme gefunden, die als mögliche Stellen für eine präbiotische Chemie (siehe unten) in Frage kämen. Impaktkrater beherbergen wichtige Eigenschaften an einer singulären Stelle, die die Formation von verschiedenartigen Metallsulfiden, Tonen und Zeolithen als sekundäre hydrothermale Mineralien einschließen, die als Schablonen oder Katalysatoren für präbiotische Synthesen fungieren. Das durch den Impakt zertrümmerte Gestein erhält große reaktionsfördernde innere Oberflächen. Eisenreiche Meteoriten versorgen die Reaktionsprozesse mit erforderlichem Eisen. Unterschiedliche Impaktenergien führen zu unterschiedlichen Raten in der hydrothermalem Abkühlung und damit zu organischer Synthese. Die wahllose Natur der Impakte alle verfügbaren Lithologien betreffend erzeugt eine große Anzahl von erwürfelten 'Experimenten' um den Ursprung des Lebens herum. Der Evolution des Lebens folgend, stellen Krater cryptoendolithische (Cyanobakterien in Sandsteinen) und chasmoendolithische (Cyanobakterien in Graniten) Lebensräume zur Verfügung, insbesondere in nicht-sedimentären Lithologien, wo ein beschränkter Porenraum eine Kolonialisierung ansonsten behindern würde (Cockell 2006).

Wann und wo sich Leben auf der Erde entwickeln konnte, ist gleichbedeutend mit der Frage nach Ereignissen, die eventuell tödliche Bedingungen verursacht haben könnten, besonders an der Oberfläche der frühen Erde. Abhängig von der Evolution des erdmagnetischen Feldes und der Zusammensetzung der Atmosphäre mag die Oberfläche der Erde in der frühen Zeit vielleicht nicht gegen die tödliche Strahlung der Sonne geschützt gewesen sein. Gezeitentümpel an der Erdoberfläche wären unter solchen Bedingungen bestimmt keine sicheren Aufenthaltsorte gewesen. Ihre Anzahl mag in der Phase der sehr frühen Füllung des hadaischen Ozeans aber sehr hoch gewesen sein und deshalb die eine oder andere geschützte Stelle zumindest zeitweise existiert haben.

Wegen der sehr kleinen Erde-Mond-Entfernung waren die Gezeiten viel stärker und von höherer Periodizität als heute. Hohe Gezeitentiden mit dem Potenzial, Gezeitentümpel zu füllen, und niedrige Gezeitentiden mit einer subsequenten Verdampfung unter heißen atmosphärischen Bedingungen führten sicherlich zu einer Zunahme der Konzentration gelöster Bestandteile, die eventuell die Anforderungen für die Bildung organischer Moleküle erfüllten. Dass sich organische Moleküle unter simulierten hypothetischen Bedingungen entwickeln konnten wie seinerzeit für die frühe Erde angenommen, haben Miller (1953) und Miller und Urey (1959) in Experimenten demonstriert, bei denen elektrische Funken angenommene starke atmosphärische Blitze als impulsartige Energiespender simulieren sollten. Ein fehlender magnetischer Schild im sehr frühen Hadaikum und eine starke Strahlung der Sonne wären aber tödliche Konditionen für die Entwicklung von Leben an der Oberfläche gewesen, was dem Experiment eine wichtige Aussagekraft nimmt.

Während des späten Hadaikums nach der kompletten Füllung des weltweiten Ozeans mögen Gezeitentümpel auf kleinen vulkanischen Inseln anwesend gewesen sein, ähnlich denen, wie man sie heute auf den Kerguelen Inseln im südlichen indischen Ozean beobachten kann. Die Präsenz von vulkanischen Inseln ist möglicherweise durch die beschränkte Tragfähigkeit eines warmen Erdmantels, eine größere topografische Last zu tragen, limitiert gewesen.

Da die Entwicklung kontinentaler Terrane in einer sehr frühen Phase war, war die dortige Anzahl an Gezeitentümpeln in dieser Zeit beschränkt und große Gezeitenbecken mit dem Potenzial, z. B. mächtige Ablagerungen ehemals gelöster Salze zu bilden, wie sie in der späteren Geschichte der Erde immer wieder beobachtet werden, lagen im Hadaikum höchstwahrscheinlich noch nicht vor. Wie dem auch sei, der früheste Nachweis von Leben auf der Erde liegt unmittelbar nach den Ereignissen des späten schweren Bombardements kosmischer Einschläge am Ende des Hadaikums. Nach Bailey (2006) sind Stromatolithen (s. u.) ein Beweis für frühes Leben (Walter 1983, Allwood et al. 2006) sowie auch Mikrofossilien (Schopf und Walter 1983, Schopf 1993), die in ungefähr 3.5 Milliarden Jahren alten Gesteinsformationen in Westaustralien gefunden wurden. Es deutet daraufhin, dass Leben in dieser Zeit schon weit verbreitet war. Kohlenstoffisotopenverhältnisse, indikativ für Leben, wie sie in grönländischen Gesteinen von Mojzsis et al. (1996) gefunden wurden, mögen eventuell ein Beleg für Leben mit einem Alter von mehr als 3.8 Milliarden Jahren sein, obwohl dies kontrovers diskutiert wird (Lepland et al. 2005).

3.9 Erdkern und Magnetfeld

Stromatolithen sind fein geschichtete Wachstumsstrukturen, die im Flachwasser durch Einfangen, Bindung und Zementation von Sedimentpartikeln oder durch Fällung gelöster Stoffe oder durch beides in Folge des Wachstums und Stoffwechsels von Mikroorganismen, besonders Cyanobakterien (allgemein als Blaualgen bekannt), entstanden sind. Sie gelten als wichtige Informationsquellen für die Analyse der Rotationsgeschichte von Erde und Mond, speichern sie doch die Wirkung von Gezeiten in ihren Wachstumsmustern. Ihr Auftreten im frühen Archaikum vor ungefähr 3.5 Milliarden Jahren lässt vermuten, dass eventuell schon ein magnetisches Feld vorhanden war und die Entwicklung des Lebens gegen tödliche Strahlung an der Erdoberfläche geschützt hat. Diese Annahme wird durch eine Studie von Yoshihara und Hamano (2004) bestätigt, in der über ausführliche paläomagnetische und gesteinsmagnetische Analysen sowie Paläointensitätsuntersuchungen berichtet wird, die an Komatiit-Proben aus den Barberton (ca. 3.5 Milliarden Jahre alt) und Belingwe (ca. 2.7 Milliarden Jahre alt) Grünstein-Gürteln in Südafrika und Simbabwe unternommen wurden. Komatiite sind ultramafische, aus dem Erdmantel stammende vulkanische Gesteine. Paläorichtungsdaten im Barberton sind konsistent mit Ergebnissen vorheriger Arbeiten, und auch die charakteristische remanente Magnetisierung wurde in den Belingwe Proben nachgewiesen. Dies deutet darauf hin, dass die Proben aus beiden Gebieten das archaische geomagnetische Feld archiviert haben. Zusätzlich scheint die Intensität des geomagnetischen Feldes während des Archaikums eine wichtige Informationsquelle über die Evolution des Erdkerns zu sein. Suganumaa et al. (2006) bestätigen das Vorhandensein eines archaischen geomagnetischen Feldes durch eine Materialanalyse des „Marble Bar Chert Members“ (3456.1 bis 3476.0 Ma) vom Pilbara Kraton, nordwestliches Australien. Zusätzlich gaben sie eine Abschätzung für die Kontinentaldriftgeschwindigkeit mit 12-112 cm/a (120-1120 km/Ma) an, was verglichen mit den heutigen Geschwindigkeiten groß ist. Als Lösungsvorschlag bieten sie an, dass sich die wenigen kleinen Kontinentfragmente des Archaikums eben schneller bewegen konnten als die großen Platten im Phanerozoikum.

Untersuchungen des Kaap Valley Plutons in Südafrika durch Layer et al. (1996) lassen vermuten, dass die Erde zumindest schon seit 3.2 Milliarden Jahre ein umkehrbares eventuell bipolares magnetisches Feld besaß. Der untersuchte Pluton ist eine Tonalit Intrusion, die mit dem archaischen Barberton Grünsteingürtel assoziiert ist. Antipodische paläomagnetische Richtungen, die für die zentralen und randlichen Zonen des Plutons bestimmt wurden, legen die Annahme eines geomagnetischen Polwechsels für die Abkühlphase des Plutons nahe. Das Alter des Polwechsels wird durch ein 40Ar/39Ar Plateaualter von 3214 ± 4 Millionen Jahre für Hornblende bestätigt. Dies wäre dann der älteste bekannte Polwechsel.

Prévot und Perrin (2007) präsentierten eine Kompilation von Paläointensitätsdaten magmatischer Gesteine, die etwa 3.5 Milliarden Jahre alt sind. In der Zeit vom frühen Präkambrium bis heute gibt es offensichtlich keine nennenswerte langperiodische Variation der Intensität. Die gesamten Daten sind mit einem von gravitativen Kräften gestützten Dynamomodell vereinbar, in dem der innere Kern etwa 4.0 Milliarden Jahre alt ist. Paläointensitätsdaten sind aber immer noch zu unvollständig, um die Möglichkeit einer komplexeren Magnetfeldgeschichte mit einem Geodynamo auszuschließen, der erst thermisch angetrieben und dann später gravitativ stabilisiert wurde.

Nach dem Modell des Geodynamos gelten Konvektionsströme im äußeren flüssigen Erdkern als Ursache des Erdmagnetfeldes. Sie werden durch den Temperaturunterschied zwischen dem festen inneren Erdkern und dem Erdmantel angetrieben. Dieser äußere Kern besteht überwiegend aus flüssigem Eisen. Durch die Bewegung der elektrisch leitfähigen Schmelze in einem schwachen Ausgangsmagnetfeld wird nach dem dynamoelektrischen Prinzip ein elektrischer Strom induziert, der seinerseits ein Magnetfeld aufbaut. Dies führt zu einer verstärkten Induktion und schließlich zur Erzeugung des Erdmagnetfeldes. Eine Fließbewegung von wenigen Metern pro Jahr genügt, um das beobachtete Dipolmoment aufzubauen (siehe u. a. Christensen und Tilgner 2002).

Tarduno (2008) zufolge zeigen Paläointensitätsanalysen einzelner Silikatkristalle, dass die Stärke des geomagnetischen Feldes vor 3.2 Milliarden Jahren innerhalb von 50% des modernen Wertes schwankte. Für die Zeit davor ist es unbekannt. Um die Lücke zu füllen, bot er zwei Möglichkeiten an: (1) das geomagnetische Feld baute sich kurz nach Kernformation auf, und die nachfolgende Feldstärke lag um einen Faktor zwischen 2 und 3 höher als der heutige Wert; (2) der Wert des Feldes lag vor ~ 3.9 Milliarden Jahre bei Null und stieg erst danach an. Das zweite Szenario beruht auf einer Hypothese, die die auffällige Menge und die isotopische Zusammensetzung des Stickstoffs, der in Bodenproben des Mondes gefunden wurde, zu erklären versucht. Dieser lunare Stickstoff stammt eventuell von der Erde, deren Atmosphäre dem solaren Wind in der Abwesenheit eines geomagnetischen Feldes ungeschützt ausgesetzt war und erodiert wurde.

Nach McDonough (2002) hängt die Bestimmung von Alter und Dauer der Formation des Erdkerns davon ab, ob ein Isotopensystem vorgelegen hat, in dem das Eltern-Tochter-Isotopenpaar durch eine Subtraktion im Kern innerhalb der Systemhalbzeit fraktioniert wurde. Ergebnisse für die U-Pb und W-Hf Isotopensysteme demonstrieren, dass ein Großteil der Separation des Kernes über die ersten 25 Ma hinaus fortgedauert hat (hier beginnend vor ~ 4.50 Milliarden Jahren) und dass es keinen Beweis für eine Fortsetzung der Separation für Zeiten jünger als 3.8 Milliarden Jahre gibt. Das letzte Alter wird durch eine große Anzahl chemischer Daten gestützt, die seit dieser Zeit eine relativ konstante Zusammensetzung des Erdmantels bestätigen, basierend auf der Analyse von Verhältnissen zwischen lithophilen (Silikat liebenden) und siderophilen (Eisen liebenden) Elementen (z. B., Mg/Ni, Mn/Fe, P/Nd,). Die einzig andere mögliche Rahmenbedingung, die auf den genauen Zeitpunkt der Formation des Erdkerns einen großen Einfluss hatte, ist das Mondentstehungsszenario (vor ~ 4.45 Milliarden Jahren) wie weiter oben beschrieben.

3.10 Hydrothermalsysteme

Geschützt gegen die Strahlung der Sonne und deshalb unabhängig von der Anwesenheit eines magnetischen Feldes waren Lokationen am Grunde des Meeres mit einem anhaltenden Kreislauf heißen Wassers, wie sie auch heute in tiefenozeanischen Hydrothermalsystemen mit einer Präferenz für präbiotische Chemie gefunden werden. (Abb. 3.12). Heutige tiefenozeanische Hydrothermalsysteme bieten einen Lebensraum für eine Vielfalt von Lebensformen an. Ihr Studium mag zusätzliche Anhaltspunkte dafür liefern, die weit zurückliegende Vergangenheit besser zu verstehen.

Abb. 3.12 Lokationen ausgesuchter Hydrothermaler Systeme im Nord- und Zentralatlantik nach (Kelley, 2005) und Kingston Tivey (2007), Hintergrundkarte: s.o.

Fluide und Sedimente aus unterschiedlichen geologischen und tektonischen Bedingungen vergleichend, ist es Kingston Tivey (2007) zufolge möglich, die Rolle der Faktoren zu untersuchen, die die Fluidzusammensetzung und die Größe, Form und Zusammensetzung mineralischer Ablagerungen bestimmen. Die Fluidzusammensetzung wird z. B. beeinflusst von der Zusammensetzung des Substrates, der Zufuhr flüchtiger magmatischer Anteile, der Permeabilitätsstruktur des Substrates, der Geometrie und Natur der Wärmequelle, und den Temperaturen und Drücken, bei der Reaktionen auftreten. Die mineralischen Ablagerungen sind abhängig von der Zusammensetzung der entweichenden Fluide, der Art der Vermischung von Fluiden, und der Lebensdauer der Hydrothermalsysteme. Trotz der großen Varianz in den „Spreading"-Raten, den Tiefen, den Substratzusammensetzungen, den Geometrien oder den Wärmequellenarten (z. B. Serpentinisierungsreaktion (hier: Zersetzung von

Olivinmineralen durch Aufnahme von Wasser bei Temperaturen bis zu 260 °C) oder Präsenz von Magma) u. a. entlang mittelozeanischer Rücken oder versunkener Inselbogenvulkane, treten große Ähnlichkeiten zwischen allen Hydrothermalsystemen am Meeresboden auf. Dies schließt Prozesse zum Wärme- und Massentransfer, der den Eintrag in den Ozean durch hydrothermale Fluide beschreibt, zur Formation mineralischer Ablagerungen und zur Schaffung chemischer und thermaler Umwelten mit ein, die für biologische Aktivitäten im tiefen Ozean förderlich sind.

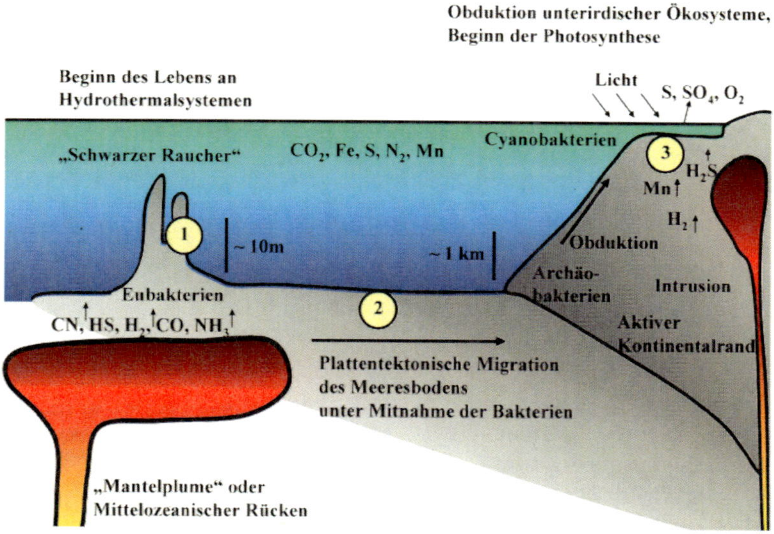

Abb. 3.13 Chemosynthetisches Leben entsteht in warmen alkalischen Hydrothermalsystemen und differenziert in die Vorläufer der Bakterien. Es dringt in die tiefer gelegenen Sedimente und Krustengesteine ein, die mit dem Beginn der Plattentektonik verschoben und an aktiven Kontinentalrändern obduziert werden. Einmal emporgehoben, werden einige Zellen dem Licht ausgesetzt, die dann an schwefelhaltigen Quellen Photonen zu absorbieren beginnen. Die Nummer 1 bezieht sich auf die Entstehung des Lebens im Bereich der „Schwarzen Raucher" (Prokaryotische Kolonien), die 2 markiert die Evolution der Bakterien in einer tiefen Biosphäre und 3 den ersten Schritt zur Nutzung des Lichtes, die Entwicklung zu Heliobakterien und den Beginn der Fotosynthese mit der Freisetzung von Sauerstoff, wie sie in Mangan reichen Hydrothermalsystemen nach Russell und Arndt 2004 und Russell und Hall 2006 vor etwa 3,75 Milliarden Jahren entstanden sein könnte. Die Plattentektonik war demnach eine der wichtigen Voraussetzungen dafür, dass sich das Leben schon zu frühen Zeiten weiterentwickeln konnte.

Im heutigen Ozean beherbergen hydrothermale Systeme von vulkanisch angetriebenen schwarzen Rauchern Organismen, die unter einigen der extremsten Bedingungen der Erde leben. Diese Systeme werden auf einigen der jüngsten und heißesten Gesteine der Erde entlang des globalen Systems der mittelozeanischen Rücken gefunden. Schwarze Raucher sind das Ergebnis des Einsickerns von Meerwasser in Risse am Ozeanboden und der nachfolgenden Aufheizung in größerer Tiefe durch heiße oder geschmolzene basaltische Gesteine bei Temperaturen >400°C. Die überhitzten Fluide, die durch den chemischen Austausch mit dem heißen Gestein reich an gelösten Metallen und Gasen sind, steigen wieder zur Oberfläche auf. Diese „Jets“ aus Metallsulfiden und mit Gas aufgeladenen Fluiden charakterisieren die submarinen heißen Quellensysteme. Im Jahre 2000 wurde unverhofft ein völlig neues Hydrothermalsystem entdeckt, das genauso überraschte wie die Entdeckung der ersten schwarzen Raucher. Dieses neue System aus „weißen Rauchern“, „Lost City“ genannt, weist Umweltbedingungen auf, die ganz anders sind als alle bekannten bis dahin. Untersuchungen scheinen an dieser Stelle sehr langwierig (Kelley 2005) und werden wohl noch einige Zeit in Anspruch nehmen.

Beim Versuch, die Kompliziertheit der tiefenozeanischen Hydrothermalsysteme und ihre mögliche Verwicklung mit dem Ursprung des Lebens zu lösen, präsentierte Russell (2007) eine Theorie über den Ursprung des Lebens im hadaischen Ozean, der Umweltbedingungen, vielfältige chemische Reaktionen und die biologische Evolution einschließt. Er schloss zwar die Effekte von Asteroidimpakten nicht ein, berücksichtigte aber die Anwesenheit von „Mantelplumes“. Seine Analyse beginnt mit Vulkanen, die Dampf, Kohlenstoffdioxid, Schwefeldioxid und Pyrophosphate an ihre Umgebung abgeben. Ein übersäuerter hadaischer Ozean kondensiert aus einer Kohlenstoffdioxidatmosphäre heraus. Staub und stratosphärischer schwefelhaltiger Dunst absorbieren die Strahlung der Sonne, die dadurch weniger tödlich wurde.

Der abgekühlte Ozean leckt in die unter Spannung stehende geklüftete Kruste und konvektiert. Saure Quellen hoher Temperatur, die mit „Mantelplumes“ und „Spreading“-Zentren in Verbindung stehen, geben Eisen-, Mangan-, Zink-, Kobalt- und Nickelionen an den Ozean ab. In größerer Entfernung von den „Spreading“-Zentren der Mittelozeanischen Rücken gibt der Ozeanboden kühlere alkalische Quellwässer an das Meerwasser ab. Diese enthalten Wasserstoff, Formiate, Ammoniak, Hydrosulfide und geringfügig Methanthiol (Russell und Arndt 2004, Russell und Hall 2006). Das thermische Potenzial verschwindet dabei, das chemische Potenzial bleibt aber bewahrt. Die austretenden alkalischen Lösungen werden in ihren weiteren Versuchen behindert, sich gebührend mit ihrer ozeanischen Quelle zu mischen und fällen spontan einen Niederschlag biomorpher Barrieren aus kolloidalen Eisenverbindungen und anderen Mineralen aus (Abb. 3.13).
Russell (2007) fasst zusammen, dass subsequent organische Moleküle synthetisiert, gefiltert, konzentriert und adsorbiert werden, während Acetat und Methan als Abfallprodukte abgegeben werden. Diese Umweltbedingungen führen im weiteren Verlauf zur Bildung noch größerer organischer Moleküle, die dann schließlich die Basis für das sich bildende Leben bilden. Wichtige Rollen

spielen dabei anorganische Verbindungen wie Eisensulfide, Eisen-Nickel-Sulfidcluster und Phosphate.
Der hydrothermale Kreislauf bietet einen kontinuierlichen Zufluss von Material und chemischer Energie über eine chemische Elektronen- und Protonenbeweglichkeit, so dass das Leben ohne Einfluss der Sonne im Dunkeln beginnen konnte, und eine schnell zusammenwachsende kinetische Struktur, geboren dazu dauerhaft zu existieren, sich zu entwickeln und Entropie zu erzeugen, während die Sonne tödlich strahlt (Russell 2007).

3.11 LIPs und Impakte

Tiefenozeanische Hydrothermalsysteme stehen mit vulkanischen Aktivitäten in Beziehung, die über Mantelkonvektion und „Mantelplumes" gespeist werden und zeigen daher auf enge Beziehungen zu Prozessen im Erdkern hin. Zusätzlich scheinen Impakte kosmischer Körper ebenfalls eine wichtige Rolle für den Ursprung des Lebens zu spielen.

In diesem Kontext modellierten Elkins-Tanton und Hager (2005) Reaktionen in der Lithosphäre als Folge eines größeren kosmischen Einschlages und kamen zu folgenden Schlüssen:

Ein gigantischer Asteroideneinschlag auf eine dünne Lithosphäre kann durchaus ein Mechanismus dafür sein, eine Flutbasaltprovinz auf der Erde zu schaffen. Mafisches Magma wird durch in-situ-Dekompression (Druckerniedrigung) und durch die nachfolgende konvektive Strömung unter einer Aufwölbung der Lithosphären-Asthenosphären-Grenze produziert, die sich unter dem Einschlagkrater nach der unmittelbaren Ausbildung einer lithosphärischen Strömung infolge des Impaktes bildet, sowie durch eine spätere isostatische Ausgleichsbewegung. Volumen und Dauer existierender Flutbasaltprovinzen werden durch die Modellierung der Schmelzproduktion gut abgeschätzt. Obwohl kein Beweis vorliegt, dass ein riesiger Impaktor an der Lokation irgendeiner irdischen Flutbasaltprovinz eingeschlagen ist, gibt es durchaus mögliche Koinzidenzen im Alter von Impakten und Flutbasaltereignissen. Becken mit vergleichbarem Alter und Größe wie auf dem Mond sind auf der Erde längst durch plattentektonische sowie erosive Prozesse ausgelöscht worden. Es bleibt aber die Möglichkeit, dass Kraterüberreste noch unter existierenden Flutbasaltprovinzen versteckt sind. Durch Impakte induzierter Magmatismus mag vielleicht im frühen Archaikum zusätzlich wichtig gewesen, als das kosmische Bombardement noch präsenter war und potenzielle Temperaturen des Mantels höher lagen. Die größten sichtbaren Krater auf der Erde sind heute Chicxulub, Sudbury und Vredefort. Sie sind nicht groß genug, um dem Modell zufolge Flutbasalte zu produzieren. Möglicherweise hat aber über die Annahmen des Modells von Elkins-Tanton und Hager (2005) hinausgehend auch die Situation im Erdmantel dazu beigetragen, ob am jeweiligen Einschlagort die Mantelkonvektion hinderlich abwärts oder förderlich aufwärts gerichtet war.

Im oben beschriebenen Sinne sollten daher große magmatische Provinzen (LIPs) auf der Erde als Oberflächenhinweise für „Mantelplumes" dahin gehend überprüft werden, ob eventuell eine darunter verborgene Impaktgeschichte vorliegen könnte. Flutbasaltgebiete, die in diesem Sinne weiter unten Erwähnung finden, sind das Ontong Java Plateau, das Kerguelen Plateau (und die Raimahal Flutbasalte), die Deccan Traps, die sibirischen Traps, die Zentrale atlantische magmatische Provinz (CAMP) und die Paraná-Etendeka Provinz, wobei die Impakttheorien zum Ontong-Java-Plateau und zu den Sibirischen Traps quasi als Einstieg etwas ausführlicher behandelt werden.

3.12 Ontong Java Plateau

Ingle und Coffin (2004) zufolge umfassen das ~ 120 Ma alte Ontong Java Plateau und benachbarte gleichaltrige Flutbasalte von Nauru, Ostmarianen und (wahrscheinlich) des Pigafetta-Beckens im westlichen äquatorialen pazifischen Ozean die größte Flutbasaltprovinz der Erde. Geophysikalische, geochemische und geodynamische Beobachtungen sind kaum mit „Mantelplume"-Modellen zu vereinbaren. Die Abwesenheit eines offensichtlichen vulkanischen „Hotspots" oder seiner Spur, eine geringe krustale Aufwölbung, eine bescheidene Subsidenz verglichen mit der einer normalen ozeanischen Kruste oder anderer Plateaus und submariner Rücken, ein hoher Schmelzanteil im flachen oberen Mantel, geringer Wassergehalt in Basalten, eine Anreicherung von Elementen der Platingruppe und eine ~ 300 km tiefe seismisch langsame Mantelwurzel seien eher den Folgen eines Asteroidimpaktes zuzuschreiben. Ein großer Asteroid mit einem Durchmesser von ~ 20 km, der in eine relativ junge (~ 20 Millionen Jahre alte) pazifische Lithosphäre einschlug und in die oberste Asthenosphäre eindrang, hätte ein massives Dekompressionsschmelzen (Aufschmelzen von Gestein wegen fehlenden Überlagerungsdruckes im Krater) im oberen Mantel initiiert, was eine Platznahme des erweiterten Ontong Java Plateaus verursacht hätte. Unter der Annahme, das ein chondritischer Asteroid mit einer Geschwindigkeit von 20km/s die Erde unter einem senkrechten Winkel getroffen hat, wären eine etwa 4km mächtige Wassersäule, wahrscheinlich die gesamte ~50km mächtige Lithosphäre und eventuell auch noch die obersten Schichten der Asthenosphäre vaporisiert worden. Der Asteroid wäre etwa 60 km tief in die Erde eingedrungen und hätte einen Krater mit einem Durchmesser von ~ 200 km hinterlassen. Der Impakt hätte Tsunamis erzeugt, für eine weite radiale Verbreitung energiearmer wie energiereicher Impaktauswürfe wäre aber die 4 km mächtige Wassersäule eine Barriere gewesen. Mit dem Impaktereignis hätten Schockwellen die gesamte Hemisphäre durchlaufen und dabei Mantelgestein nur geringfügig aufgeschmolzen. Heute könnten Kraterreste direkt unter dem inzwischen westwärts migrierten Plateau versteckt liegen. Am genauen Ort des Einschlags mag der tiefere Mantel (und Kern) noch Hinweise auf dieses Ereignis enthalten, zumindest deutet die Anwesenheit des vulkanischen Louisville-„Hotspots" daraufhin.

3.13 Sibirische Traps

Die Sibirischen Traps permischen Alters sollen nach Jones et al. (2002, 2003) das Ergebnis vulkanischer Aktivitäten sein, die von einem bedeutenden Impakt in kontinentaler oder ozeanischer Kruste vor ca. ~ 250 Millionen Jahren getriggert wurden. Eine durch subsequenten Vulkanismus erfolgte automatische Auslöschung aller Krater mit einem Durchmesser größer als ~ 200 km würden ihre anomale Abwesenheit auf der Erde, verglichen mit anderen terrestrischen Planeten im Sonnensystem, erklären. Mit ihrem Modell erklären sie auch die Bildung von Komatiiten und anderer hochgradiger Teilschmelzen. Eine Impaktwiederaufbereitung von Teilen des oberen Mantels über „Plumes" ist mit Modellen über planetarisches Wachstum nach dem letzten großen Bombardement konsistent und liefert eine alternative Erklärung für die primitivsten geochemischen Signaturen, die gegenwärtig den von der Kern-Mantel-Grenze aufsteigenden „Mantelplumes" zugeschrieben werden. Eine schnelle Vermischung von subhorizontalen Schmelzen aus Reservoiren unterhalb des Kraters bis zu Tiefen, wo Granat und/oder Diamant stabil sind, scheint möglich. Die Autoren meinen daher, dass eine direkte Kopplung von Impakten und Vulkanismus denkbar ist und man diese bei der Betrachtung stratigrafischer Ereignisse der geologischen Geschichte berücksichtigen sollte. Allerdings ist die Annahme eines Impaktes, der die sibirischen Traps verursacht haben soll, in keiner Weise unumstritten (Ivanov 2007).

3.14 Interpretative Analyse

Übereinstimmungen zwischen den Lokationen von Asteroidimpaktereignissen, großen magmatischen Provinzen (LIPs), „Hotspots" und „Mantelplumes" in Raum (Kontinentaldrift korrigierte geografische Positionen) und Zeit (teilweise verzögert) deuten in einigen bedeutenden Fällen (Abb. 3.14) auf eine mögliche kausale Beziehung hin. Dies wird von einer Studie von Abbott und Isley (2002) unterstützt, die Zeitfolgeanalysen nutzten, um die Impaktgeschichte von Erde und Mond mit der Aktivitätsgeschichte von „Mantelplumes" zu vergleichen. Die Zeitfolgen von „Mantelplume"-Ereignissen und Impakten korrelieren miteinander zu 90%. Die Ergebnisse lassen vermuten, dass große Meteoriten- und Kometeneinschläge durchaus vulkanische Aktivität schon aktiver „Mantelplumes“ steigern können. Diese Studie wird aber kontrovers diskutiert. Im Detail sehen die Koinzidenzen wie folgt aus (siehe auch Brink 2011):

(1) Das geodynamisch hoch aktive (u. a. Horváth et al. 2006, Ebner und Sachsenhofer 1995, Honty et al. 2004) und exploratorisch bescheidene Pannonische Becken (Dolton 2006) liegt vermutlich einem „Mantelplume“ auf (Falus et al. 2000, Seghedi et al. 2004), der, in der Zeit zurückverfolgt, sowohl die Entwicklung des kohlenwasserstoffreichen Westsibirischen Beckens durch die Metamorphose der Unterkruste als auch den Ausbruch der benachbarten sibirischen Flutbasalte vor ca. 250 Millionen Jahren entscheidend geprägt haben dürfte (Brink 2009).

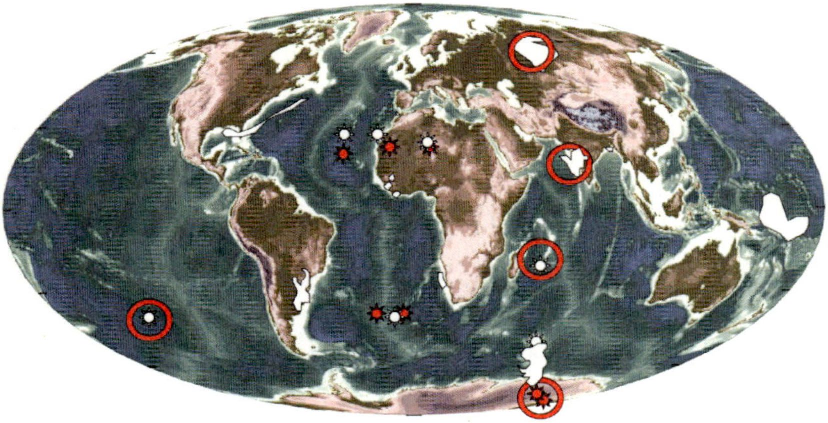

Abb. 3.14 Zusammenstellung ausgewählter Lokationen von Impakten (rote Sternchen: korrigierte Lokationen von bestätigten Impakten, rote Kreise: postulierte Impakte), Hotspots (weiße Sternchen), LIPs (weiße Flächen), Hintergrundkarte: s.o.

(2) Auch wenn es bisher keine konkreten Beweise dafür gibt und Modellierungen es noch nicht eindeutig hergeben, so werden Flutbasalteruptionen wie sie die ca. 250 Millionen Jahre alten sibirischen Traps, das ca. 120 Millionen Jahre alte Ontong Java Plateau im Südpazifik (Coffin und Eldholm 1994, Coffin et al. 2006) oder die ca. 65 Millionen Jahre alten Deccan-Traps in Indien (Sheth 2005) repräsentieren, und die sie oft begleitenden Eingriffe in Flora und Fauna der Erde von einigen Autoren mit Impakten größerer Asteroiden in Verbindung gebracht (Hartnady 1986, Jones et al. 2003, Morgan et al. 2004, Ingle und Coffin 2004, Glikson 2005, Chatterjee et al. 2006). Es wird auch ange-

nommen, dass der vulkanische „Hotspot" von Réunion mit den Eruptionen der Deccan Traps in einer genetischen Beziehung steht.

(3) Da sich am Entstehungsort des Ontong Java Plateaus heute der „Hotspot" (Louisville) eines „Mantelplumes" befindet, müsste folglich dieser „Plume" durch den Einschlag eines kosmischen Körpers entweder initiiert oder in seinem Aufstieg modifiziert worden sein. Aus dem Energiereservoir an der Kern-Mantel-Grenze gespeist, wäre die „Plume"-Entwicklung damit eine impaktinduzierte Fluktuation (Muller 2002).

(4) Ein Abgleich der Verteilung heute existierender relativ „ortsfester" „Hotspots" und plattentektonisch lokationskorrigierter Flutbasalteruptionen mit lokationskorrigierten größeren Einschlagkratern führt zur Feststellung eines möglichen Zusammenhanges, der kaum zufällig sein dürfte. Im Gegensatz zum unmittelbaren impaktbedingten Aufschmelzungsprozess, wie er für das Ontong-Plateau modelliert wird, wird das Oberflächenereignis einiger anderer „Mantelplumes" erst mit einer Verzögerung von 10 bis >20 Millionen Jahren nach dem initialen kosmischen Impakt als Flutbasalt oder „Hotspot" sichtbar, was mit dem durchaus zeitdauernden Aufstieg von der Kern-Mantel-Grenze in Verbindung gebracht werden könnte.

(5) Diese spekulative Beziehung kann an drei Lokationen beobachtet werden. Diese sind die rezenten „Hotspots" Tristan (Südatlantik) (Peate 1997), Kanarische Inseln (Zentralatlantik) (Morgan 1983, White und McKenzie 1989, Hill 1991, Wilson 1997, McHone 2000) und Kerguelen (Südindik) (Ali und Aitchison 2008). Die „Mantelplumes" an diesen Positionen wurden möglicherweise durch die großen Impakte (Quelle: Earth Impact Database, http://www.unb.ca/ passc/ImpactDatabase/, siehe auch von Frese et al. 2009), die heute in Morokweng (~145 Ma, Ø 70 km Südafrika) bzw. alternativ oder ergänzend in Araguainha (~ 244 Ma, Ø 40 km, Brasilien etwa 100 Mio. Jahre früher), Manicouagan (~214 Ma, Ø 100 km, Kanada) und Tookoonooka (~128 Ma, Ø 55 km, Australien) dokumentiert sind, getriggert. Der Tristan „Hotspot" steht zusätzlich mit den Eruptionen der Flutbasalte der ausgedehnten Paraná Lavafelder in Südamerika und dem geringer voluminösen Etendeka Feld in Namibia in Beziehung. Beide Felder formten in der Unterkreide eine einzige magmatische Provinz, die mit der Öffnung des Südatlantiks assoziiert wird (Peate 1997). Diese bildeten sich (129-134 Ma) ca. 11 Millionen Jahre nach dem Morokweng Impakt. Der Kerguelen "Mantelplume" wurde mit Eruptionen von Flutbasalten auch in der plattentektonisch korrigierten unmittelbar benachbarten Raimahal Region in Indien vor ~116 Millionen Jahren etwa 12 Millionen Jahre nach dem Tookoonooka-Impakt aktiv.

(6) Sollte der erwähnte Araguainha-Impakt vor ~ 244 Millionen Jahren, der an ungefähr der gleichen Stelle eingeschlagen ist wie der Morokweng-Impakt vor ~145 Millionen Jahren, ebenfalls mit der Entwicklung des Tristan-„Hotspots" in Beziehung stehen, würde dies ein mindestens 100 Millionen Jahre langes geodynamisches Gedächtnis des Kern-Mantel-Systems erfordern oder die Existenz eines Proto-Tristans an entsprechender Stelle. Dieser hätte dann als eine Art "Schneidbrenner", der während der Nordwärtswanderung von Pangea und Gondwana die gemeinsame Platte von Südamerika und Afrika trennte, verantwortlich sein können (Brink 2009).

(7) Ergänzend mögen die beiden Neu England (Große Meteor Bank) (Alter mindestens 150 Mio. Jahre, Kimberlite in Ontario (Duncan 1984)) und Hoggar „Hotspots" durch die Einschläge der Saint Martin (~ 220 Ma, Ø 40 km, Kanada) und Rochechouart (~ 214 Ma, Ø 23 km, Frankreich) Impakte vorbereitet worden sein. Die letzten beiden Einschläge fanden fast zur gleichen Zeit statt wie der Manicouagan Impakt im östlichen Kanada (~ 214 Ma, Ø 100 km). Die plattentektonische Situation in der Zeit berücksichtigend, eruptierten die CAMP-Flutbasalte (Central Atlantic Magmatic Province) 14 Millionen Jahre später in unmittelbarer Nähe des Einschlagortes, wo sich auch der Nordatlantik öffnete. Der Manicouagan Asteroid war vermutlich der größte Körper eines in drei Teilen zerbrochenen ursprünglichen Asteroiden, da die drei Einschlagstellen ‚gleichen' Alters auf einer geraden Ost-West-verlaufenen Linie liegen. In diesem Zusammenhang wird es auch wichtig, dass das Artensterben an der Trias-Jura-Grenze dem extremeren Teil der CAMP-vulkanischen Aktivität vorausging (McHone 2002) (Abb. 3.15).

(8) Da diese relativ kleine Anzahl von Beobachtungen für eine verallgemeinernde Aussage und zur Auflösung eines sequentiellen geodynamischen Puzzles noch zu gering ist, wäre der verifizierende Nachweis eines permischen Impaktes z. B. unter den sibirischen Flutbasalten (Jones et al. 2003) oder wegen einer möglichen Zeitdifferenz von ca. 15 Millionen Jahren („Plume"-Aufstiegsrate vs. Plattentektonik (Golonka 2000)) im Arktischen Ozean im unmittelbar benachbarten Bereich (Kara- oder Laptev-See) außerordentlich förderlich.

(9) Natürlich hätte auch der falsifizierende Fall eine große Bedeutung. Für das den Deccan-Traps benachbarte erdölreiche „Shiva"-Becken im Indischen Ozean vor Mumbai (Bombay) sehen einige Autoren durchaus einen, allerdings umstrittenen, kosmischen Zusammenhang (Chatterjee et al. 2006). Sollten sich dagegen die Deccan Flutbasalte ebenfalls zeitverzögert gebildet haben, so läge der dann ca. 80 Millionen Jahre alte mögliche Einschlagkrater heute auf dem unter den Himalya subduzierten Teil des indischen Subkontinents. Interessan-

terweise liegt in der unmittelbaren Nachbarschaft der Stelle, an der der „Shiva“-Asteroid (spekulativer Durchmesser ~40 km) eingeschlagen sein soll, plattentektonisch korrigiert auch das Amirante Becken im Indischen Ozean nördlich von Madagaskar. Diese kreisrunde Beckenstruktur hatte Hartnady (1986) als möglichen Ort des Artensterben verursachenden Impaktereignisses an der Kreide-Tertiär-Grenze ins Spiel gebracht, da geochemische Anomalien an der K-T-Grenze die Beteiligung ozeanischer Kruste erfordern würden.

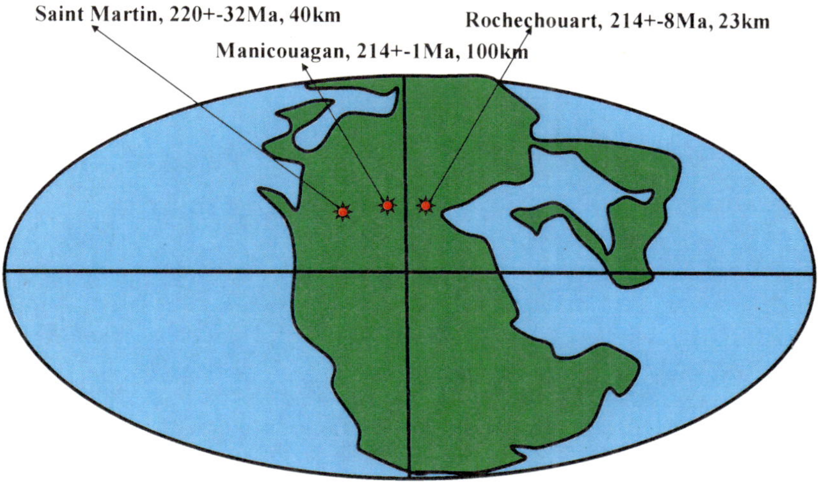

Abb. 3.15 Plattentektonische Situation zur Einschlagzeit der (fragmentierten?) Asteroidendreiergruppe vor ca. 214 Millionen Jahren. Hintergrundkarte nach Golanka (2000) für das Zeitintervall von 224-203 Millionen Jahren.

(10) Neben der astronomisch übergeprägten Füllung von Sedimentbecken (Milankovic-Zyklen, möglicher lunarer Einfluss (Brink 2006)) könnte also auch der Ursprung mancher Becken im Bestätigungsfalle eine indirekte kosmische Komponente aufweisen (Brink 2011). Weitere Implikationen würden folgen.

(11) Diese Implikationen beinhalten (i) eine mögliche Reduzierung der Bedeutung von Impakten für das Massensterben auf der Erde, sollten Flutbasalteruptionen entscheidender sein, (ii) potenzielle Einflüsse auf die Entstehung des Lebens durch die erhöhte Rate aus dem Erdmantel aufsteigender Fluide (wie heute an „Schwarzen und weißen Rauchern“!) (Kelley 2005, Kingston Tivey 2007) im Umfeld von Impaktlokationen (Erzeugung von Klüftigkeiten), sowie

(iii) eine spekulative KW-Exploration im sibirischen Teil des Arktischen Ozeans, sollten dort paläozoische Muttergesteine von Bedeutung sein, die durch einen möglichen Impakt betroffen wären.

(12) Vorerst bleibt auch noch reine Spekulation, ob eventuell der Hawaii „Hotspot", dem schon – um die Kontinentalverschiebung korrigiert – die Antrim Flutbasalte in Norden Australiens (ca. 500 Ma alt) zugeordnet werden können (Brink 2009), durch den postulierten gigantischen Mapcis Krater im Zentrum Australiens (ca. 545 Ma alt) getriggert worden ist (Conelly 2009).

3.15 Fazit II

In der Erdgeschichte scheinen große Asteroidimpakte (Ø > 20 km) und „Mantel-plumes" (einschließlich vulkanischer „Hotspots" und Flutbasalte großer magmatischer Provinzen) in einer gerichteten kausalen Beziehung zu stehen. Beide hatten eventuell auch entscheidenden Einfluss auf die Entwicklung des Lebens auf der Erde. Impakte erzeugten Lokationen, an denen die Lithosphäre geklüftet wurde und möglicherweise bevorzugte Positionen für den Aufstieg von „Mantelplumes" von der Kern-Mantel-Grenze entstanden. Oberflächenhinweise solch verursachter „Mantelplumes" erlitten offensichtlich Zeitverzögerungen von 10 bis >20 Millionen Jahren. Diese Beobachtung kann aus der Analyse von mindestens drei Lokationen gefolgert werden, die heutigen Tristan, kanarische Inseln und Kerguelen „Hotspots". Die Lokationen der Neuengland (Großer Meteor Seeberg) und Hoggar „Hotspots" wurden möglicherweise vom Saint Martin bzw. Rochechouart Impakt vorbereitet. Oberflächenhinweise von „Mantelplumes" könnten aber auch tiefenozeanische Hydrothermalsysteme sein, wie sie im archaischen und/oder hadaischen Ozean für die Entwicklung des gerade entstehenden Lebens möglicherweise notwendig waren. Weiterhin könnten Impakte und subsequente „Mantelplumes" eventuell frühe topografische Hochlagen auf der Erde initiiert haben, die als bevorzugte Orte für die Bildung von Gezeitentümpeln gedient hätten und als potenziell erforderliche Brutplätze des Lebens in Frage kämen. Impakte und „Mantelplumes" wären dann kosmische und geodynamische Faktoren mit der Kapazität, einen geeigneten planetaren Körper wie die Erde bei seinen Prozessen zum Erreichen immer höherer Ordnungen aktiv und entscheidend zu begleiten, bis hin zur Evolution eines über sich selbst, zum eigenen Lebensraum und zum umgebenen Kosmos reflektierenden intelligenten Lebewesens. Die Erdoberfläche, an der Grenze zum Kosmos zwischen Stern und Kern gelegen, erhält durch die orbitale multizyklische Bescheinung durch die Sonne, durch die ebenfalls zyklischen Gezeitenkräfte des Mondes und der Sonne sowie durch die langperiodisch variierende Wärmezufuhr aus Erdkern und Erdmantel einen komplex oszillierenden Energieeintrag, an den sich anzupassen das Leben auf ihr kontinuierlich herausgefordert wurde.

Nie war Natur und ihr beständig Fließen
Auf Tag und Nacht und Stunden angewiesen
Sie bildet regelnd jegliche Gestalt
Und selbst im Großen ist es nicht Gewalt

J.W. v. Goethe, Faust II

4. Schlussfolgerungen

Nach dem Stand unserer wissenschaftlichen Erkenntnisse hat es fast 4 Milliarden Jahre gedauert, bis sich auf der Erde intelligentes Leben entwickeln konnte. 10 Milliarden Jahre davor waren erforderlich, seit dem Urknall einen Planeten wie unsere Erde als kosmisches Juwel und Heimstätte für dieses Leben zu schaffen. Den Gefahren des Kosmos ausgesetzt, bot die Erde hinreichend Schutz, der zwar wiederholtes Massensterben nicht verhindern konnte, aber eine kontinuierliche Entwicklung zu immer höheren Ordnungen jeglicher Gestalt (Goethe) ermöglichte. Die dabei ablaufenden Prozesse unterlagen wie in einem Kasino den Regeln des Würfelspiels. Diese natürlichen Würfelspiele waren und sind allgegenwärtig und berühren die Frage nach dem Sinn des Seins in einer eindringlichen Weise, möge der fragende Mensch dabei an einen Gott glauben oder auch nicht. Abhängig davon wird die Antwort auf die Sinnfrage sicherlich unterschiedlich ausfallen. Dies schließt neben der Annahme eines vorhandenen Sinnes natürlich auch die einer Sinnlosigkeit mit ein. Wollte Gott würfeln, damit es bei der Vielzahl an kosmischen und elementaren Variablen überhaupt eine Chance zur Schöpfung einer Erde geben konnte? Wollte er experimentieren, weil von „Anfang" an so vieles unbestimmt blieb oder bleiben sollte und das „Wort" alleine nicht ausreichte? Hat er den Menschen als sein Gegenüber erschaffen, damit dieser sein zielgerichtetes Werk oder den experimentellen Weg dorthin bewundern und würdigen kann? Hat er ihn „würfelspielartig" gleich mehrere Glaubensgemeinschaften mit unterschiedlicher geistiger Prägung unter unterschiedlichsten geografischen, politischen und mental vorgeprägten Bedingungen gründen lassen, da eine einzige Religion zur Akkumulation von metaphysischer Weisheit und als deren potenzieller Träger und Vermittler im menschlichen Mit- und Gegeneinander nicht ausreicht? War das Würfelspiel ein Weg, der zum Ziel führte, da das Ziel selbst von vornherein nicht determinierbar und teleologisch zu erreichen war?

Da die Erde nach unserem derzeitigen Wissen schon die Hälfte ihrer Zeit hinter sich hat, wird der Blick in die Zukunft unerlässlich. Irgendwann ist es zu

Ende, sei es in ca. 3 Milliarden Jahren bei der Kollision unserer Milchstraße mit der Andromeda-Galaxis, oder in ca. 4 Milliarden Jahren, wenn sich die Sonne zu einem roten Riesen aufbläht, oder doch erst in ca. 6 Milliarden Jahren, wenn die geologische Entwicklung der Erde einfriert. Für das Leben auf der Erde, wie wir es kennen, kann das Ende natürlich auch schon früher eintreten, sollte wieder einmal ein größerer Asteroid einschlagen, der ein weiteres Massensterben verursacht oder indirekt induziert. Gäbe es für uns jemals die Möglichkeiten, unseren Planeten rechtzeitig zu verlassen, weil wir keine Chancen zur Vermeidung mehr hätten, und wäre die Suche nach einem Ersatzplaneten erfolgreich, so dürfte dieser auf gar keinen Fall irdischen Metabolismus abstoßen, sei die biologische Evolution ähnlich oder grundsätzlich verschieden abgelaufen. Zumindest lässt sich einigermaßen verlässlich vorhersagen, dass (1) sich Erdöl- und Erdgasfelder in den nächsten Millionen Jahren lognormal weiter bilden, dass (2) die wunderschönen Gebirge der Erde durch Erosion wieder eingeebnet werden, (3) der Meeresspiegel innerhalb der nächsten 75 Millionen Jahre um ca. 200 m ansteigen, neuen marinen Lebensraum schaffen und über eine größere Meeresoberfläche und daraus resultierende höhere Niederschläge kontinentalen Lebensraum erweitern wird, und (4) im gleichen Zeitrahmen u. a. der Magmatismus zunimmt, dabei höhere atmosphärische CO_2-Werte verursacht und das Weltklima tropisch verändert. Der Mond wird die Erdachse weiter stabilisieren, die Rotation der Erde reduzieren und seinen Abstand zu ihr vergrößern. Inseln, Flusslandschaften und auch andere geologische Systeme werden sich verändern, verschwinden oder neu entstehen und dabei als jeweilige Mitglieder eines Systems dessen Lognormalität bewahren. Größere Asteroiden mit der Kapazität, das Leben nachhaltig zu ändern, werden sich weiter der Erde nähern, doch genaue Einschlagorte und Zeitpunkte bleiben vorerst schwer vorhersagbar.

Davon ausgehend, dass uns nur die eine Erde bleibt und unsere Zeit auf ihr unbestimmt ist, stellt sich die Frage, was uns an Würfelspielen noch erwartet, welche weiteren übergeordneten (göttlichen?) Ziele es noch gibt, wenn es sie denn gibt, und welche Wege, diese Ziele zu erreichen, vorgegeben sind? Da sich die Dominanz der Säugetiere auf der Erde und damit die des Menschen erst nach einer größeren kosmischen Impaktkatastrophe oder alternativ nach einer geodynamischen Flutbasalteruption herausbilden konnte, muss unweigerlich gefragt werden, ob das davon ausgelöste Massensterben göttliche Bestimmung war. Wenn ja, wie steht es dann mit den potenziellen zukünftigen Impaktereignissen oder größeren vulkanischen Eruptionen? Sind auch diese Teil eines Planes, den dominierenden Platz auf der Erde immer wieder neuen Lebensformen zu überlassen oder stellen wir wirklich das Ende einer Kette dar, und was wären dann die evolutionären Konsequenzen? Gibt es Wege, diese katastrophalen Naturereignisse zu verhindern oder zumindest deren Folgen zu lindern? Wäre das ein wichtiges Ziel der Menschheit? Da der Mensch ohne die ihn umgebende Schöpfung keine Überlebenschancen hätte, muss er auch sie unter allen Umständen bewahren, ohne dabei ihr Streben nach immer höheren Ordnungen und Veränderungen einzuschränken.

Wie sehen die höheren Ordnungen aus, denen wir weiter entgegen eilen und durch unsere Arbeit (Voltaire) bewusst oder unbewusst selbstorganisatorisch mitgestalten? Sicher scheint zu sein, dass sich der Mensch dem Würfelspiel nicht entziehen kann, ganz egal in welchem Sinne. Innerhalb eines Systems eine bestimmte Form der Gleichheit erzwingen zu wollen, ohne auf die Wechselwirkung unter den unterschiedlichen Systemelementen zu achten, wäre mit den Augen dieser Analyse gesehen eine Sackgasse. Instabilität wäre vorprogrammiert, Ordnung und Komplexität würden verschwinden, vorhandene natürliche Unterschiede übertüncht und der Zeit würde in rückwärts gekehrter Richtung entgegen gelaufen. In Einzelfällen kann das natürlich, zeitlich beschränkt, für spezielle Systeme durchaus sinnvoll sein. Hier geht es aber um den generellen Trend. Der jeweilige Spielraum, der für den heutigen Menschen überblickbar ist, liegt sicherlich nicht im Millionen Jahre Bereich, auf den sich einzustellen kein Thema sein kann. Für Einzelindividuen gelingt es vielleicht für 50 Jahre, wenn sie mit ihrem geistigen und körperlichen Einsatz dafür arbeiten, für ganze Völker vielleicht für 500 Jahre, wenn sie einsichtig ihre eigene organisatorische Ordnung im Griff behalten, das staatliche Gerüst nicht inneren oder äußeren „Piraten" jeglicher Couleur überlassen, und ihr kulturelles, geistiges und wissenschaftliches Erbe pflegen und entwickeln, und für die gesamte Menschheit für 5 000 bis 50 000 Jahre, wenn man vom Zeitraum der letzten Eiszeit und der seit ihr kumulativ erworbenen, archivierten und am Leben gehaltenen Weisheit ausgeht. Ob sich die Erde und ihr Klima geologisch kurzfristig, für die Menschheit aber durchaus langfristig, weiter im 100 000 Jahre Zyklus ändern wird, wie in den letzten 1 Million Jahren geschehen, oder zum 40 000 Jahre Zyklus zurückkehren wird, wie in den 1,5 Millionen Jahren davor, oder auf eine der anderen kosmischen (Milankovic-) Periodizitäten zugreifen wird, oder auf keine mehr wie anscheinend vor mehr als 3 Millionen Jahren, als es relativ warm war, bleibt vorerst im Ungewissen (Abb. 4.1).

Unsere Weisheit ist zu beschränkt (Hiob), als dass wir eindeutige Antworten geben könnten. Sich natürlichen Veränderungen aber widersetzen zu wollen, wäre ein großer Fehler. Auch Darwin wusste, dass es ohne Anpassung an veränderte Lebensbedingungen keine Zukunft gibt. Dies schließt Ortswechsel mit ein, denen sich z. B. viele Europäer über Jahrhunderte hinweg unterworfen hatten, als sie vor Hungersnöten und beschränkten Lebensbedingungen ihrer Herkunftsländer in eher dünn besiedelte Neuen Welten aufbrachen und neue Ordnungsstrukturen aufbauten, was allerdings auch mit viel Leid auf allen beteiligten Seiten verbunden war. Ohne eine Vermehrung von Erkenntnissen und der wissenschaftlichen Weisheit in den Zeiten davor, aus welchen Motiven auch immer, wären diese Anpassungsprozesse nicht möglich gewesen.

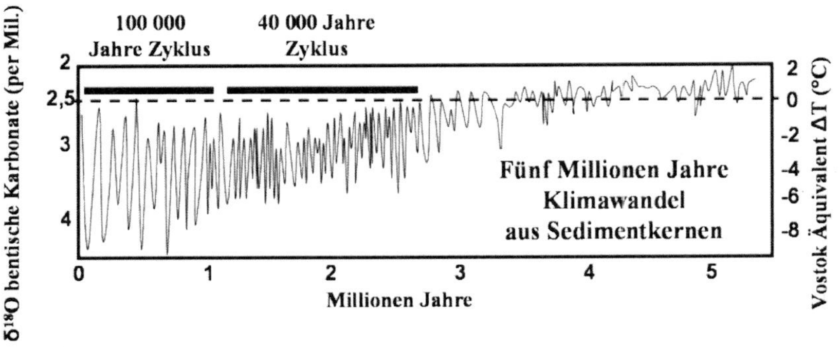

Abb. 4.1 Klimawandel in den letzten 5 Millionen Jahren, abgeleitet aus Messungen an 57 global verteilten Sedimentkernen. Gemessen wurde das Sauerstoffisotopenverhältnis in fossilen benthischen Foraminiferen (am Meeresboden lebende einzellige Lebewesen), das als Stellvertreter für die Angabe der globalen Masse aller eiszeitlichen Gletscher gilt. Die Effektivität verschiedener (Milankovic-) Zyklen variiert mit der Zeit (schwarze Balken), nach Lisiecki und Raymo 2005.

5. Zusammenfassung

(1) In dieser Arbeit wird versucht, Erkenntnisse aus der Suche nach Energierohstoffen in einem übergeordneten Zusammenhang zu sehen, sie hinsichtlich allgemeiner natürlicher Zusammenhänge zu interpretieren und naturphilosophische und religiöse Komponenten als Ausdrücke des menschlichen Seins mit einzubinden. Dazu wird in einem ersten Schritt notwendigerweise weit ausgeholt, werden Erdölexploration, die Varusschlacht, Würfelspiele, Lognormalverteilungen, Monte-Carlo Analysen, Entstehung der Erde, Evolution des Lebens, Ordnung und Organisation, Entstehung und Füllung sowie Modifikation von Sedimentbecken, Erdöl- und Erdgassysteme, Geophysik, der Mensch und seine Fragen zu einem persönlichen Gott sowie alttestamentliche Aussagen Hiobs zur Rohstoffsuche in einer integrativen Art und Weise teilweise fachsprachig bemüht und, um das Abstrakte zu reduzieren und um eine bessere Identifikationsebene zu schaffen, auf eine kleine Kohlenwasserstoffprovinz in Niedersachsen, der Grafschaft Bentheim stellvertretend für viele andere Regionen projiziert. Diese integrative Analyse ist sicherlich neu und bietet sowohl Naturwissenschaftlern wie auch Geisteswissenschaftlern ein breites kooperatives Diskussionsfeld. Es ergeben sich daraus durchaus allgemeine Fragen nach der naturwissenschaftlichen und göttlichen Sinngebung.

(2) Prozesse auf der Erde wie die Bildung von Systemen von Erdöl- und Erdgasfeldern sind wie in einem Kasino den Würfeln der Natur überantwortet und werden dabei unsichtbar gesteuert von einer Auswahl der Regeln des Spiels, die man als Naturgesetze versteht. Die Komplexität eines Systems bzw. die Differenziertheit seiner ‚Mitglieder', die in anthropogenen Systemen u. a. denkende, selbstreflektierende, rückkopplungsfähige, streitbare und ehrgeizige auf Rangfolgeänderung bedachte Individuen sind, wird dabei bestimmt durch die Anzahl der einwirkenden Parameter. Wie beim Würfelspiel sind auch in der Exploration nach Erdöl und Erdgas Glück und Pech, Zufall und Notwendigkeit, Vergangenes und Zukünftiges unlösbar miteinander verbunden, sowohl auf wissenschaftlicher und wirtschaftlicher wie auf individueller und gemeinschaftlicher Ebene.

(3) Der stetige Energiezufluss aus dem Innen- und dem Außenraum der Erde hat geologisch-geophysikalische Rahmenbedingungen für eine Welt mit höherer Ordnung bis hin zur Entstehung des Lebens inklusive des Menschen geschaffen. Das Universum um die Erde herum hat ca. 14 Mrd. Jahre darauf warten müssen, dass es durch ein in und aus ihm geborenen Wesen mit intelligenten Möglichkeiten, dessen Basisentwicklung erst in den letzten ca. 4 Milliarden Jahren erfolgte, überhaupt als das, was es ist, erkannt werden konnte. Gleichzeitig wurden auf der Erde Millionen Jahre lange Prozessergebnisse dieser Entwicklung im Untergrundgestein archiviert und bedeutende Mengen von lebensaufbauendem Kohlenstoff in Form von Kalkablagerungen, Kohlen und ‚Schwarzschiefern' der sich entwickelnden Biosphäre durch Tod und subsequenter Deponierung entzogen. Teile dieses Archivs werden heutzutage beschleunigt in die Kreisläufe der Erdoberfläche zurückgeführt und dabei die Biosphäre von eigenen Mitgliedern nachhaltig verändert, so wie es schon öfter in der Erdgeschichte geschehen ist. Im zweiten Schritt wird nun versucht, geodynamische Aspekte aufzuspüren, die Zeugnisse ablegen können für den intrinsischen „Drang" der Erde zu immer höheren Ordnungen vom Kern über den Mantel bis hin zur Erdoberfläche. Dabei muss tief in die Erdgeschichte eingestiegen und auf ein großes Repertoire an gegenwärtigem Wissen zurückgegriffen werden.

(4) Die Kompilation dieses Wissens ist in der dargebotenen Form neu und führt zu überraschenden Erkenntnissen, die sicherlich noch etwas spekulativ sind.

(5) In der Erdgeschichte scheinen große Asteroidimpakte (Ø > 20 km) und „Mantelplumes" (einschließlich vulkanischer „Hotspots" und Flutbasalte großer magmatischer Provinzen) in enger Beziehung zueinander zu stehen. Beide hatten eventuell auch entscheidenden Einfluss auf die Entwicklung des Lebens

auf der Erde. Impakte erzeugten Lokationen, an denen die Lithosphäre geklüftet wurde und möglicherweise bevorzugte Positionen für den Aufstieg von „Mantelplumes“ von der Kern-Mantel-Grenze entstanden. Oberflächenhinweise solch verursachter „Mantelplumes“ erlitten offensichtlich Zeitverzögerungen von 10 bis 20 Millionen Jahren. Diese Beobachtung kann aus der Analyse von mindestens drei Lokationen gefolgert werden, die heutigen Tristan, kanarische Inseln und Kerguelen „Hotspots“. Die Lokationen der Neu England und Hoggar „Hotspots“ wurden möglicherweise vom Saint Martin bzw. Rochechouart Impakt vorbereitet. Oberflächenhinweise von „Mantelplumes“ könnten aber auch tiefenozeanische Hydrothermalsysteme sein, wie sie im archaischen und/oder hadaischen Ozean für die Entwicklung des gerade entstehenden Lebens möglicherweise notwendig waren. Weiterhin könnten Impakte und subsequente „Mantelplumes“ eventuell frühe topografische Hochlagen auf der Erde initiiert haben, die als bevorzugte Orte für Gezeitentümpel gedient hätten, die als potenziell erforderliche Brutplätze des Lebens ebenfalls in Frage kämen. Impakte und „Mantelplumes“ wären damit kosmische und geodynamische Faktoren mit der Kapazität, einen geeigneten planetaren Körper wie die Erde bei seinen Prozessen zum Erreichen immer höherer Ordnungen bis hin zu intelligenten Lebewesen, die über sich selbst, den eigenen Lebensraum und den umgebenen Kosmos reflektieren können, aktiv und entscheidend zu begleiten.

(6) Der kontinuierlich wachsende Hunger der Welt nach Erdöl als Energieträger und als Basisprodukt für die chemische Veredelungsindustrie stellt immer höhere Anforderungen an die Produktion bekannter Erdölreserven und an die Exploration neuer Lagerstätten. Diese zu finden setzt voraus, dass sich vor allem die Geophysiker und Geologen in der global operierenden Erdölindustrie intensiv mit dem Untergrund der Erde befassen und dabei durch die extensive Datensammlung sozusagen als Abfallprodukt dieses Tuns Erkenntnisse über den Zustand und die Entwicklung unseres Heimatplaneten anhäufen, die einen wertvollen Beitrag zur Diskussion über Sein und Werden unseres kosmischen Lebensraumes und der naturphilosophischen und theologischen Fragestellungen liefern können. Dabei hat sich sicherlich in so manchem kreativen Kopf der Rohstoffsuche eine tiefe Demut vor der Dimension des unbekannten ‚Wissens‘ und den Grenzen der menschlichen ‚Weisheit‘ entwickelt.

(7) Die hier vorliegende Arbeit umfasst innovative Komponenten zum kosmischen und geodynamischen Spiel um die Erde, greift auf Denkweisen der global explorierenden Erdölindustrie zurück und hebt sich daher vom allgemeinen Umgang mit wissenschaftlichen Fragestellungen deutlich ab. Sie liefert eine qualitativ gute Analyse komplexer Zusammenhänge der Erdgeschichte. Neue wissenschaftliche Erkenntnisse beinhalten den Umgang mit den „Würfelspie-

len" in der Natur sowie Fragen zur Entwicklung unseres Planeten.

(8) In den Schlussfolgerungen wird auf naturphilosophische und theologische Konsequenzen hingewiesen.

Glossar

Geophysik und Geologie

Es ist schwierig, eine sinnvolle Grenzlinie zwischen Geologie und Geophysik zu ziehen. Die Unterschiede liegen im wesentlichen in der Art der Daten, die akquiriert und interpretiert werden.

Geologie bedeutet das Studium der Erde durch direkte Beobachtung von Gesteinen, entweder von Aufschlüssen an der Oberfläche, in Bergwerken oder aus Bohrlöchern. Diese Beobachtungen dienen der Analyse des strukturellen Aufbaues des Untergrundes, seiner Gesteinszusammensetzung oder der geologischen Geschichte.

Geophysik ist die Wissenschaft, die sich mit den Bereichen der Erde befasst, die nicht direkt zugänglich sind. Fast alle unsere Erkenntnisse über die Erde, die unterhalb der Tiefen liegen, die durch Bohrungen oder Bergbau aufgeschlossen sind, setzen geophysikalische Beobachtungen voraus. Die Existenz und die Eigenschaften von Erdkruste, Mantel und Kern wurden durch die Beobachtung seismischer Wellen sowie durch das Studium der Schwerkraft der Erde und ihrer magnetischen und thermischen Eigenschaften bestimmt.

Die Mittel und Methoden, die für solche Untersuchungen entwickelt wurden, werden auch in der Exploration für Erdöl, Erdgas und mineralische Rohstoffe und für geotechnische und umweltrelevante Studien eingesetzt. Aber ebenso werden geophysikalische Methoden, die in der angewandten Exploration zuerst ihren Einsatz fanden, heute in der akademischen Forschung genutzt.

Geophysikalische Explorationsmethoden

können nach ihrer mathematischen Formulierung unterschieden werden:

Potenzialmethoden (elliptische Differenzialgleichung): Gravimetrie (Messungen der Schwerkraft der Erde z. B. auf ein Millionstel genau und Identifikation ihrer *Potenzialfeldanomalien*) und Magnetik werden von der Potenzialfeldtheorie und der Laplace-/Poisson-Gleichung erfasst. Potenzialfelder haben den Nachteil, dass sie keine eindeutigen Schlüsse auf ihre Quellen erlauben. Die elliptische Differenzialgleichung lautet:

z. B. $b = -\text{grad}\, \emptyset$, mit b = Beschleunigung und $\emptyset$ = Potenzial

$$g(r) = \partial\emptyset/\partial r = \gamma\, M/r^2\ ,\ r>R \text{ und } g = \text{Erdbeschleunigung}$$

Wellenausbreitung (hyperbolische Differenzialgleichung): Seismik und Bodenradar werden durch die Wellengleichung beschrieben. Aus der Beobachtung von Wellen, die durch ein unzugängliches Gebiet gelaufen sind, lassen sich Schlüsse über den Zustand dieses Gebietes ziehen. Die hyperbolische Differenzialgleichung lautet:

z. B. $\partial^2\Psi/\partial t^2 = v^2\partial^2\Psi/\partial x^2$ (eindimensionale Wellengleichung, t = Zeit, x = Koordinate, v = Phasengeschwindigkeit)

Die *reflexionsseismische Methode* ist das in der Erdöl- und Erdgasindustrie am häufigsten angewandte Verfahren. Ziel ist u. a. die Kartierung von reflektierenden geologischen Schichtgrenzen im Untergrund. Daten werden erzeugt, indem an der Erdoberfläche künstlich elastische (seismische) Wellen angeregt werden (mit kleinen Explosionen aus unterschiedlichsten Quellen oder über schwere Vibratoren, mit denen Signale abgestrahlt werden, wie sie eine Fledermaus bei ihrer Navigation und Beuteortung nutzt). Ihre Aufnahme erfolgt über Geophone, die zu einer Art Antenne gebündelt über viele Gruppen im Gelände verteilt werden. Das nachfolgende *seismische Prozessing* beinhaltet u. a. Geländekorrekturen, vertikales Aufsummieren, Ermittlung der Geschwindigkeiten der seismischen Wellen, horizontales Aufsummieren unter Nutzung der ermittelten Geschwindigkeiten, Manipulationen des seismischen Signals (*Wavelet*) durch Integraltransformationen (*Dekonvolutionen*), Frequenzfilterungen und Re-Orientierungen (*Migrationen in Laufzeit oder Tiefe*) der aufgezeichneten Reflexionen.

Mit Hilfe der *Refraktionsseismik* werden an Schichtgrenzen geführte seismische Wellen ausgewertet. Bevor die Reflexionsseismik ihren Durchbruch schaffen konnte, wurden mit dieser Methode in den zwanziger Jahren des 20ten Jahrhunderts Salzstöcke u. a. in Texas und Louisiana erfolgreich identifiziert, die dort als Strukturfänger für Erdöl dienten. Pionier auf diesem Gebiet war Ludger Mintrop (1880-1956) aus Essen/Westfalen.

Quasi stationäre Methoden (Diffusion, parabolische Differenzialgleichung): wie sie in der Geothermie/Wärmeleitung und bei der Elektromagnetischen Induktion/Magnetotellurik zur Analyse herangezogen werden. Störungen breiten sich ähnlich wie Wellen aus, jedoch lösen sich Unstetigkeiten der Anfangsverteilung im Laufe der Zeit von selbst auf. Deshalb kann man keine "Phaseneinsätze" erkennen wie in der Seismik (und Seismologie/Erdbebenkunde). Die Parabolische Differenzialgleichung lautet:
z. B. $\partial T/\partial t = a^2\Delta T$, mit a^2 = Temperaturleitfähigkeit, T = Temperatur,

Δ = Laplace-Operator $(\partial^2/\partial x^2 + \partial^2/\partial y^2 + \partial^2/\partial z^2)$

Die *Magnetotellurik (MT)* nutzt u. a. vom Sonnenwind erzeugte zeitlich variierende Magnetfelder in der Ionosphäre und Magnetosphäre, die elektrische (*tellurische; tellus: die Erde betreffend*) Wirbelströme in leitfähigen Strukturen des Erdinneren induzieren. Das durch die Ströme erzeugte elektrische Feld hat wiederum ein sekundäres Magnetfeld zur Folge. Über eine frequenzabhängige Eindringtiefe können mit dieser Methode Aussagen über die Verteilung der elektrischen Leitfähigkeit des Erduntergrundes bis in den oberen Erdmantelbereich hinein gemacht werden.

Geodynamische Begriffe

Die *Lithosphäre* ist die feste etwa 60-200 km dicke äußere Gesteinshülle aus Erdkruste und oberstem Mantel. Darunter befindet sich die *Asthenosphäre* bis in einer Tiefe von etwa 300-400 km. Die Lithosphäre gilt als annähernd elastisch, die Asthenosphäre eher als plastisch. Die Grenzfläche innerhalb der Lithosphäre zwischen der Kruste und dem darunter liegenden Mantel wird *Mohorovičić-Diskontinuität* (kurz: Moho) genannt.

Unter *Gesteinsmetamorphose* versteht man die Umwandlung der mineralogischen Zusammensetzung eines Gesteins durch geänderte Temperatur- und/oder Druckbedingungen. Dabei können Fluide (z. B. Wasser) abgegeben werden. In der Regel nimmt die Dichte des Gesteins bei der Metamorphose zu und das Volumen schrumpft.

Die *Plattentektonik* ist die grundlegende Theorie der Geowissenschaften über die großräumigen tektonischen Vorgänge in der Lithosphäre, die geologische Phänomene wie das *„Spreading“* (Spreizung) an mittelozeanischen Rücken (Entstehung neuer Lithosphäre durch aufsteigendes heißes Gestein) und an aktiven Plattengrenzen *Subduktion* (der schwereren Bestandteile in den Mantel), *Obduktion* (der leichteren zu Faltengebirgen), *Magmatismus* und *Vulkanismus* einschließt. Sie ist Teil der Theorien über die endogene Dynamik der Erde mit der Mantelkonvektion im Erdinneren und den Bewegungen der Lithosphärenplatten (*„Kontinentalverschiebung“* oder *„Kontinentaldrift“*) an der Erdoberfläche. Dazu gehört auch der lokal begrenzte Aufstrom heißen Gesteinsmaterials aus dem tieferen Erdmantel (wie z. B. auf Island) in Form von sogenannten *„Mantelplumes“* (auch Manteldiapire genannt). Werden Lithosphärenplatten im Rahmen plattentektonischer Prozesse getrennt, entstehen an der Naht Gräben (wie der Oberrheintalgraben), die sich durch erweiterte

Subsidenzprozesse im Laufe der Zeit zu *Riftbecken* oder sogar zu neuen Ozeanen entwickeln können. Infolge großflächiger Deformationen werden durch diese Prozesse Erdkruste und oberster Mantel (Lithosphäre) anderenorts ebenfalls *geotektonisch* beansprucht und geologische Strukturen gebildet (z. B. Verwerfungen (wie die Harznordrand-Störung), Faltungen (wie in den Alpen), Scherzonen (wie die berühmte San-Andreas Blattverschiebung in Kalifornien)). Plattentektonische Prozesse werden von langperiodischen *Meeresspiegelschwankungen* begleitet. In Ergänzung dazu werden kurzperiodische stabile (*eustatische*) Veränderungen des Meeresspiegels, wie man sie u. a. für die letzten Eiszeiten (*Glazialzeiten*) im Zusammenhang mit dem Wachsen oder Abschmelzen der polaren Eiskappen und eventueller Inlandsvereisungen analysiert hat, als *glazio-eustatische Meeresspiegelschwankungen* charakterisiert.

Kosmische Begriffe

Asteroiden, Kometen und Meteoroiden sind astronomische Kleinkörper. Sie umkreisen die Sonne und können wegen ihrer geringen Masse und Gravitation keine Kugelgestalt ausbilden. Sie bestehen unter anderem aus steinartiger Materie (*Chondrite*) oder aus einer Eisen-Nickel-Legierung, Kometen auch aus Eis.

Asteroiden können einen mittleren Durchmesser von mehreren hundert Kilometern aufweisen. Die größten des Asteroidengürtels sind Pallas mit ca. 546 km und Vesta mit ca. 516 km. Ceres mit einem Durchmesser von ca. 975 km gilt inzwischen als Kleinplanet.

Kometen entgasen in der Nähe der Sonne und bilden dabei einen Schweif aus.

Meteoroide sind kleiner als einige Meter und daher in Erdferne für eine direkte Erkennung zu klein. Sie werden beobachtet, wenn sie als Sternschnuppen (Meteore) in die Erdatmosphäre eintreten. Verglühen sie nicht vollständig, erreichen sie die Erdoberfläche als Meteoriten.

Tektite sind bis einige Zentimeter große Glasobjekte aus geschmolzenem irdischen Material, das nach einem Asteroideneinschlag bis zu einigen hundert Kilometern fortgeschleudert wird und dabei erstarrt.

Am 13. April 2029 wird der ca. 270 m große *Asteroid Apophis* die Erde aller

Voraussicht nach über dem mittleren Atlantischen Ozean nördlich von Brasilien bei 42,9°W und 29,0°N passieren, nach bisherigen Berechnungen in einer Entfernung, die dem dreifachen Erddurchmesser (etwa 30 000 Kilometer) entspricht (Giorgini et al. 2008). Sollte er wider Erwarten die Erde doch erreichen, könnte er bei einem Einschlag auf Land einen Krater mit einem Durchmesser von 3 bis 5 km hinterlassen, der damit wesentlich kleiner wäre als der etwa 23 km große Impaktkrater des Nördlinger Rieses in Süddeutschland mit einem Alter von ca. 14,6 Millionen Jahren. Ein Einschlag in den Atlantik würde wahrscheinlich einen Tsunami an den umliegenden Küsten verursachen. Auch in den Jahren 2035, 2036 oder 2037 könnte gegebenenfalls noch ein Impakt durch Apophis erfolgen.

Literaturverzeichnisse (Kap. 2-4, Glossar)

Kap. 2

Baldschuhn, R., Binot, F., Fleig, S. und Kockel, F., 2001, Geotektonischer Atlas von Nordwest-Deutschland und dem deutschen Nordsee-Sektor-Strukturen, Strukturentwicklung, Paläogeographie – Geologisches Jahrbuch, Band A 153

Baykulov, M., Brink, H.-J., Gajewski, D., und Yoon M.-K., 2008, Revisiting the structural setting of the Glueckstadt Graben salt stock family, North German Basin, Tectonophysics, DOI:10.1016/j.tecto.2008.05.027

Braxmeir, H., 2011, SRTM-Mission Relief Map, www.maps-for-free.com, Neu-Ulm

Beaufort, L., 1994, Climatic Importance of the Modulation of the 100 kyr Cycle Inferred from 16 m.y. Long Miocene Records, Paleoceanography, v.9, no. 6, pp. 821-834

Bilgili, F., Götze, H.-J., Pasteka, R., und Schmidt, S., 2007, Intrusion versus inversion—a 3D density model of the southern rim of the Northwest German Basin, International Journal of Earth Sciences, DOI 10.1007/s00531-007-0267-y, Springer Berlin / Heidelberg

Boigk, H., 1981, Erdöl und Erdölgas in der Bundesrepublik Deutschland, Enke-Verlag

Brink, H.-J., 1984, Die Salzstockverteilung in Nordwestdeutschland, Geowissenschaften in unserer Zeit, 2. Jahrgang, 1984, Nr. 5, pp. 160-166

Brink, H.-J., 1986, Salzwirbel im Untergrund Norddeutschlands, Geowissenschaften in unserer Zeit, 4. Jahrgang, 1986, Nr. 3, pp. 81-86

Brink, H.-J., 1987, Salzwirbel oder instabile Dichtebeschichtung? Geofocus in Geowissenschaften in unserer Zeit, 5. Jahrgang, 1987, Nr. 4, pp. 144-145

Brink, H.-J., Dürschner, H., und Trappe, H., 1992, Some Aspects of the Late- and Post-Variscan Development of the NW-German Basin, Tectonophysics 207, pp. 65-95

Brink, H.-J., 2000, Vergleichende Analyse von Kohlenwasserstoff-Systemen mit Hilfe ihrer Feldgrößenverteilungen, DGMK-Tagungsbericht 2000-2, pp. 7-20

Brink, H.-J., 2002a, Halbwertszeiten im Kohlenwasserstoffhaushalt, Erdöl Erdgas Kohle, 118, no. 2, pp. 58-62, Hamburg, Wien

Brink, H.-J., 2002b, Die Anomalien von Bramsche, wieder eine offene Frage? – Erdöl Erdgas Kohle, 118, no. 2, pp.18-22, Hamburg, Wien

Brink, H.-J., 2003, Kohlenwasserstoffe in Deutschland – die Geophysik als ein Schlüssel für ein Casino der Natur, Freiberger Forschungshefte C496, pp. 1-13, ISBN 3-86012-194-4

Brink, H.-J., 2005a, The evolution of the North German Basin and the metamorphism of the lower crust, Int. J Earth Sci (Geol Rundsch) 94, pp. 1103 – 1116

Brink, H.-J., 2005b, Liegt ein wesentlicher Ursprung vieler großer Sedimentbecken in der thermischen Metamorphose ihrer Unterkruste? – Das Norddeutsche Permbecken in einer globalen Betrachtung – ZDGG (Z.dt.Ges.Geowiss.) 156, 2, pp. 275-290

Brink, H.-J., 2006, Do the global geodynamic cycles of the Phanerozoic represent a feedback system of the Earth and is the Moon involved as an acting external force? ZDGG (Z.dt.Ges.Geowiss.) 157, 1, pp. 17-40

Brink, H.-J., 2009a, Mantle plumes and the metamorphism of the lower crust and their influence on basin evolution, Marine and Petroleum Geology 26, 4, pp. 606-614, DOI: 10.1016/j.marpetgeo.2009.02.002

Brink, H.-J., 2009b, „alea iacta est" und Geophysik für ‚Monte Carlo', Geofokus (GMit-Heft 37) und Mitteilungen der DGeophysG -3

Brink, H.-J., 2010, Classification of the Central European Basin System (CEBS), DGMK Research Report 577-2/4,

Brink, H.-J., 2011, The crustal structure around the Harz Mountains (Germany): review and analysis, Z. dt. Ges. Geowiss., 162/3, DOI: 10.1127/1860-1804/2011/0162-0000, Stuttgart

Brink, H.-J., Gajewski, D., Baykulov, M., und Yoon, M-K., 2011, Basin dynamics, Salt stock family development and Hydrocarbon System examples of the North German Basin revisited by applying seismic CRS-processing, AAPG-Special Publication, im Druck

Brockamp, B., 1967, Kurzbericht über die im Gebiet um Osnabrück durchgeführten seismischen Arbeiten des Instituts für Reine und Angewandte Geophysik der Universität Münster – Veröffentlichungen der Deutschen Geodätischen Kommission, Heft 153, Reihe B , pp. 1-12

Christensen, U. R. und Tilgner, A., 2002, Der Geodynamo. Physik Journal 1 Nr. 10, Seiten 41–47

Eigen, M. und Winkler, R., 1975, Das Spiel – Naturgesetze steuern den Zufall, Piper-Verlag

Führer, F.-X., 1988, Geological results of recent geophysical investigations in the Harz Mountains (Germany), International Journal of Earth Sciences (Geologische Rundschau), 77 (1): 79-99, Stuttgart

Gaupp, R., Möller, P., Lueders, V., di Primio, R. und Littke, R., 2008, Fluids in sedimentary basins: an overview.- In: Littke, R., Bayer, U., Gajewski, D. and Nelskamp, S. (eds.), Dynamics of complex sedimentary basins. The example of the Central European Basin System, 347-365; Berlin, Heidelberg (Springer)

Geschwinde, M., Haßmann, H., Lönne, P., Meyer, M. und G. Moosbauer, G., 2009, Roms vergessener Feldzug – Die Entdeckung eines römischen Schlachtfeldes des 3. Jahrhunderts am Harzhorn bei Kalefeld, Ldkr. Northeim. Berichte zur Denkmalpflege in Niedersachsen 1/2009, 12-15

Golonka, J., 2000, Cambrian-Neogen: plate tectonic maps – Wyd 1. – Krakow b Wydawn, Uniwersytetu Jagiello/nskiego, pp. 1-125 (36 plates), ISBN: 83-233-1042-0, http://www.dinodata.net

Hern, C., Nordlund, U., van der Zwaan, K., und Lapido, K., 2001, Forward prediction of aeolian systems using fuzzy logic, constrained by data from recent and ancient analogues, Geologie en Mijnbouw, Netherlands Journal of Geosciences 80 (1), pp. 53-70

Heye, D., 1978, Experimente mit viskosen Flüssigkeiten zur Nachahmung von Salzstrukturen, Geol. Jb. E12: pp. 31-51
Hoffmann, N., Hengesbach, L., Friedrichs, B., und Brink, H.-J., 2008, The

contribution of magnetotellurics to an improved understanding of the geological evolution of the North German Basin – review and new results, ZDGG 159/4, pp. 591-606, Schweizerbart

Hunsche, U., 1978, Modellrechnungen zur Entstehung von Salzstockfamilien, Geol. Jb. E12: pp. 53- 107

Jaritz, W., 1973, Zur Entstehung der Salzstrukturen Nordwestdeutschlands, Geol. Jb. A10: pp. 3-77

John, H., 1975, Hebungs- und Senkungsvorgänge in Nordwestdeutschland, Erdöl und Kohle, Erdgas, Petrochemie vereinigt mit Brennstoffchemie, Bd. 28., Heft 6, 273-277

Jung, K.G., 1959, http://www.liss-kompendium.de/zitate/religion-kirche1.htm

Klemme, H.D., 1994, Petroleum systems of the world that involve Upper Jurassic source rocks, in L.B. Magoon and W.G. Dow (eds.), The petroleum system: From source to trap, AAPG Memoir 60, Published by American Association of Petroleum Geologists, Tulsa, p. 51 – 72

Kraume, E., 1968, 968-1968: 1000 Jahre Rammelsberg, Preussag Aktiengesellschaft, Goslar

Krawczyk, C.M., Rabbel, W., Willert, S. Hese, F., Götze, H.-J., Gajewski, D., und SPP-Geophysics Group, 2008, Crustal structures and properties in the Central European Basin system from geophysical evidence, in Littke, R., Bayer, U., Gajewski, D. & Nelskamp, S.: Editors, 2008, Dynamics of complex intracontinental Basins – The Central European Basin System, Springer

Leibniz Institut für Angewandte Geophysik (LIAG), 2010, Schwerekarte der Bundesrepublik Deutschland 1 : 1 000 000, Bouguer-Anomalien, Hannover

McKenzie, D.P., 1978, Some remarks on the development of sedimentary basins. – Earth Planet. Sci. Lett., 40, pp. 25–32, Amsterdam (Elsevier)

Megill, R.E., 1977, An Introduction to Risk Analysis, Petroleum Publishing Company, Tulsa, Ok.

Overeem, I., Weltje, G.J., Bishop-Kay, C., und Kroonenberg, S.B., 2001, The Late Cenozoic Eridanos delta system in the Southern North Sea Basin: a climate signal in sediment supply?, Basin Research 13, pp. 293 – 312

Pasternak, M., 2006, Exploration and Production of Crude Oil and Natural Gas in Germany in 2005, Erdöl Erdgas Kohle, 122, Heft 7/8

Sannemann, D., 1968, Salt-stock families in northwestern Germany. In: Braunstein, J. & O'Brein, G. D. (eds) Diapirism and Diapirs — A Symposium, Tulsa. American Association of Petroleum Geologists, Tulsa, Memoir, 8, pp. 261–270

Schöner, R., und Gaupp, R., 2004, Diagenetic and thermal evolution of Rotliegend sandstones from onshore Schleswig-Holstein, DGMK-Frühjahrstagung, Tagungsbericht, p. 363-369

Schöner, R., und Gaupp, R., 2005, Contrasting red bed diagenesis: the southern and northern margin of the Central European Basin.- Int. J. Earth Sci., 94: 897-916, Doi: 10.1007/s00531-005-0004-3

Scotese, C.R., 1994, Continental Drift, Edition 6, Paleomap Project, University of Texas at Arlington

Senglaub, Y., Littke, R., und Brix, M.R., 2005a, Numerical modelling of burial and temperature history as an approach for an alternative interpretation of the Bramsche anomaly, Lower Saxony Basin. Int. J. Earth Sc., DOI:10.1007/s00531-005-0033-y

Senglaub Y., Brix, M. R., Adriasola, A., und Littke, R., 2005b, New information on the thermal history of the southwestern Lower Saxony Basin, northern Germany, based on fission track analysis. – Int J Earth Sci Spec Pub, DOI 10.1007/s00531-0008-z

Senglaub Y., Brix, M.R., Adriasola, A., und Littke, R., 2005c, Neue Einblicke in die thermische Geschichte des südwestlichen Niedersächsischen Beckens. – Erdöl Erdgas Kohle 121, Heft 7/8

Sirocko, F., Reicherter, K., Lehné, R., Hübscher, Ch., Winsemann, J., und Stackebrandt, W., 2008, Glaciation, salt and the present landscape, in Littke, R., Bayer, U., Gajewski, D. & Nelskamp, S.: Editors, 2008, Dynamics of complex intracontinental Basins – The Central European Basin System, Springer

Stadler , G., und Teichmüller, R., 1971, Zusammenfassender Überblick über die Entwicklung des Bramscher Massivs und des NiedersächsischenTektogens, in Fortschritte in der Geologie von Rheinland und Westfalen, Band 18, Das höhere Oberkarbon von Westfalen und das Bramscher Massiv, pp. 547-564,

Geologisches Landesamt Nordrhein-Westfalen, Krefeld

Stothers, R. B., 1987, Beat Relationships between Orbital Periodicities in Insolation Theory, Journal of the Atmospheric Sciences, v. 44, no.14, pp. 1875-1876

Strohmenger, C., und Strauss, C., 1996, Sedimentology and palynofacies of the Zechstein 2 carbonate (Upper Permian, NW Germany): implication for sequence subdivision, Sedimentary Geology, v. 102, pp. 55-77

Teichmüller M., Teichmüller, R., und Bartenstein, H., 1979, Inkohlung und Erdgas in Nordwestdeutschland. Eine Inkohlungskarte der Oberfläche des Oberkarbons. – Fortschr. Geol. Rheinld. u. Westf., 27: pp. 137-170, Krefeld

Teichmüller, M., Teichmüller, R., und Bartenstein, H., 1984, Inkohlung und Erdgas – eine neue Inkohlungskarte der Karbon Oberfläche in Nordwest Deutschland. – Fortschr. Geol. Rheinld. u. Westf., 32(1), pp. 4-34

Trusheim, F., 1957, Über Halokinese und ihre Bedeutung für die strukturelle Entwicklung Norddeutschlands, Z. Dtsch. Geol. Ges., 109: pp.111-151

van Wees, J.-D., Stephenson, R.A., Ziegler, P.A., Bayer, U., McCann, T., Dadlez, R., Gaupp, R., Narkiewicz, M., Bitzer, F., and Scheck, M., 2000, On the origin of the Southern Permian Basin, Central Europe, Marine & Petroleum Geology, 17, pp. 43-59

Voltaire, de, F. M. A., 1759, Candide oder die beste aller Welten (Candide ou l'optimisme)

Ward, P.D. und Brownlee, D. 2001, Unsere einsame Erde, Springer Verlag Berlin

Wernicke, B., 1981, Low-angle normal faults in the Basin and Range province: nappe tectonics in an extending orogen. – Nature, 291, pp. 645–647, London

Ziegler, P.A., 1990, Geological Atlas of Western and Central Europe. Shell Internationale Petroleum Maatschappij B.V., ISBN 90-6644-125-9, distributed by Geological Society Publishing House

Kap. 3

Abbott, H., und Isley, A.E., 2002, Extraterrestrial influences on mantle plume activity, Earth and Planetary Science Letters, Vol. 205, No. 1-2, pp. 53-62, DOI:10.1016/S0012-821X(02)01013-0

Abramov, O., und Mojzsis, S. J., 2009, Microbial habitability of the Hadean Earth during the late heavy bombardement, Nature, Vol, 459, pp. 419-422, DOI:10.1038/nature08015

Ali, J. R., und Aitchison, J. C., 2008, Gondwana to Asia: Plate tectonics, paleogeography and the biological connectivity of the Indian sub-continent from the Middle Jurassic through latest Eocene (166–35 Ma), Earth-Science Reviews, Vol. 88, pp. 145–166, Elsevier

Allwood, A.C., Walter, M.R., Kamber, B.S., Marshall, C.P. and Buch ,I.W., 2006, Stromatolite reef from the Early Archaean Era of Australia, Nature, Vol 441, 714-718

Antreter, M., 2001, Moving hotspots – Evidence from paleomagnetism and modelling, Inaugural-Dissertation Ludwig-Maximilians-Universität München

Bailey, J., 2006, The Inner Solar System Cataclysm, the Origin of Life, and the Return to the Moon, Proceedings of the 6th Australian Space Science Conference, Australian Centre for Astrobiology, Macquarie University, NSW 2109, Australia

Baldwin, R.B., 1974, Was there a „terminal lunar cataclysm" 3.9-4.0 x 109 years ago?, Icarus, Vol. 23, pp. 157-166

Bird, D.E., Burke, K., Hall, S.A., und Casey, J.F., 2005, Gulf of Mexico tectonic history: Hotspot tracks, crustal boundaries, and early salt distribution, AAPG Bulletin, V. 89, No. 3, pp. 311-328

Bottke Jr., W.F., Durda, D. D., Nesvorný, D., Jedicke, R., Morbidelli, A., Vokrouhlický, D., und Levison, H., 2005, The fossilized size distribution of the main asteroid belt, Icarus Vol. 175, pp. 111–140

Boschi, L., Becker, T., und Steinberger, B., 2007, Mantle plumes: dynamic models and seismic images, Geochem. Geophys. Geosyst., 8, Q10006, DOI:10.1029/2007GC001733

Brink, H.-J., 2005a, The evolution of the North German Basin and the metamorphism of the lower crust, Int. J Earth Sci (Geol Rundsch) 94, pp. 1103 – 1116

Brink, H.-J., 2005b, Liegt ein wesentlicher Ursprung vieler großer Sedimentbecken in der thermischen Metamorphose ihrer Unterkruste? – Das Norddeutsche Permbecken in einer globalen Betrachtung: Zeitschrift der Deutschen Gesellschaft für Geowissenschaften (ZDGG), v. 156, 2, p. 275-290, Schweizerbart'sche Verlagsbuchhandlung, Stuttgart

Brink, H.-J., 2006, Do the global geodynamic cycles of the Phanerozoic represent a feedback system of the Earth and is the Moon involved as an acting external force? ZDGG (Z.dt.Ges.Geowiss.) Vol. 157, No. 1, pp. 17-40

Brink, H.-J., 2009, Mantle plumes and the metamorphism of the lower crust and their influence on basin evolution, Marine and Petroleum Geology, Vol. 26, No. 4, pp. 606-614, DOI: 10.1016/j.marpetgeo.2009.02.002

Brink, H.-J., 2011, Flood basalts, mantle plumes and Asteroid impacts: review and analysis, in Basalt: Types, Petrology and Uses, Editor: Janet P. West, Nova Science Publishers, Inc., NY, ISBN 978-1-61209-635-3, im Druck

Chatterjee, S., Guven, N., Yoshinobu, A., und Donofrio, R., 2006, Shiva Structure: A Possible KT Boundary Impact Crater an the Western Shelf of India, Museum of Texas Tech University, Special Publication, Number 50, Lubbock, TX/USA

Canup, R.M., und Asphaug, E., 2001, Origin of the Moon in a giant impact near the end of the Earth's formation. – Nature, Vol. 412, pp. 708-712, Macmillan Magazines Ltd.

Chatterjee, S., Guven, N., Yoshinobu, A., und Donofrio, R., 2006, Shiva Structure: A Possible KT Boundary Impact Crater an the Western Shelf of India, Museum of Texas Tech University, Special Publication, Number 50, Lubbock, TX/USA

Cockell, C. S., 2006, The origin and emergence of life under impact bombardement, Phil. Trans. R. Soc. B 29, Vol. 361, No, 1474, pp. 1845-1856, DOI: 10.1098/rstb.2006.1908

Coffin, M.F., und Eldholm, O., 1994, Large igneous provinces: crustal structure, dimensions, and external consequences, American Geophysical Union,

Reviews of Geophysics, 32, pp. 1-36

Coffin, M. F., Duncan, R. A., Eldholm, O., Fitton, J. G., Frey, F. A., Larsen, H. C., Mahoney, J. J., Saunders, A. D., Schlich, R., und Wallace, P. J., 2006, Large igneous provinces and scientific ocean drilling – status quo and look ahead, Oceanography Vol. 19, No. 4

Courtillot, V., Davaille, A., Besse J., und Stock, J., 2003, Three distinct types of hotspots in the Earth's mantle, Earth and Planetary Science Letters, Vol. 205, pp. 295-308

Cuffaro, M. und Doglioni, C., 2007, Global kinematics in deep versus shallow hotspot reference frames, The Geological Society of America Special Paper, Vol. 430, pp. 359 – 374

Conelly, D. P., 2009, Mapcis (Massive Australian Precambrian/Cambrian Impact Structure) a Possible Multiple Impact Event, Paper No. 98-4, Portland GSA Annual Meeting

Darwin, C., 1871, Letter to Hooker, J. D.

Dauphas, N., Robert, F., und Marty, B., 2000, The Late Asteroidal and Cometary Bombardement of Earth as Recorded in Water Deuterium to Protium Ratio, Icarus, Vol 148, pp. 508-512, Academic Press

Dolton, G.L., 2006, Pannonian Basin Province, Central Europe (Province 4808)—Petroleum Geology, Total Petroleum Systems, and Petroleum Resource Assessment, US geological Survey, http://pubs.usgs.gov/bul/2204/b/

Duncan, R. A., 1984, Age Progressive Volcanism in the New England Seamounts and the opening of the Central Atlantic Ocean, Journal of Geophysical Research, Volume 89, Issue B12, p. 9980-9990, DOI: 10.1029/JB089iB12 p09980

Ebner, F. und Sachsenhofer, F., 1995, Paleography, subsidence and thermal history of the Neogene Styrian Basin (Pannonian Basin system, Austria), Tectonophysics 242, pp 133-150, Elsevier

Eldholm, O., und Coffin, M.F., 2000, Large igneous provinces and plate tectonics, pp. 309–326 in The History and Dynamics of Global Plate Motions, M.A. Richards, R.G. Gordon, and R.D. van der Hilst, eds. American Geophysical Union Geophysical Monograph 121, American Geophysical Union,

Washington, D.C.

Elkins-Tanton, L.T., und Hager, B. H., 2005, Giant meteoroid impacts can cause volcanism, Earth and Planetary Science Letters, Vol. 239, pp. 219–232

Falus, G., Szabo, C., und Vaselli, O., 2000, Mantle upwelling within the Pannonian Basin: evidence from xenolith lithology and mineral chemistry, Terra Nova 12, 295-302

Glikson, A., 2005, Asteroid/comet impact clusters, flood basalts and mass extinctions: Significance of isotopic age overlaps, Earth and Planetary Science Letters, Vol. 236, pp. 933–937

Golonka, J., 2000, Cambrian-Neogen: plate tectonic maps – Wyd 1. – Krakow b Wydawn, Uniwersytetu Jagiellonskiego, 1-125 (36 plates), ISBN: 83-233-1042-0, http://www.dinodata.org//Golonka/Golonka.htm

Hartmann, W.K., 1975, Lunar „cataclysm?: A misconception?, Icarus, Vol. 24, pp. 181-187

Hartnady, C.J.H., 1986, Amirante Basin, western Indian Ocean: Possible impact site of the Cretaceous/Tertiary extinction bolide? Geology, Vol. 14, No.. 5, pp. 423-426; DOI: 10.1130/0091-7613(1986)14

Hill, R.I., 1991, Starting plumes and continental break-up, Earth Planet. Sci. Lett., Vol. 104, pp. 398-416

Hontyl, M., Uhlíkl, P., Suchal, V., Caplovioväl, M., Francu, J., Clauer, N. und Bixon, A., 2004, Smectite-to-Illite Alteration in Salt-Bearing Bentonites (The East Slovak Basin), Clays and Clay Minerals; v. 52; no. 5; p. 533-551; DOI: 10.1346/CCMN.2004.0520502

Horváth, F., Bada, G., Szafián, P., Tari, G., Ádám, A., und Cloetingh, S., 2006, Formation and deformation of the Pannonian Basin: Constraints from observational data. in Gee, D.G., and Stephenson, R.A., eds., European Lithosphere Dynamics, Geological Society, London, Memoirs, 32, 191-206

Ingle, S., und Coffin, M. F., 2004, Impact origin for the greater Ontong Java Plateau? Earth and Planetary Science Letters, Vol. 218, pp.123-134

Ivanov, A. V., 2007, Evaluation of different models for the origin of the Siberian Traps, GSA Special Papers, Vol.. 430, pp. 669-691, DOI: 10.1130/2007.

2430(31)

Jones, A. P., Price, G. D., Price, N.J., DeCarli, P. S., und Clegg, R. A., 2002, Impact induced melting and the development of large igneous provinces, Earth and Planetary Science Letters, Vol. 202, pp. 551-561

Jones, A. P., David G Price, D. G., DeCarli1, P. S., Price, N. J., und Clegg, R., 2003, Impact decompression melting: a possible trigger for impact induced volcanism and mantle hotspots?, In: Impact markers in the Stratigraphic Record (eds. C. Koeberl and F. Martinez-Ruiz), Springer, Berlin, pp. 91-120

Kelley, D.S., 2005, From the mantle to microbes – the Lost City hydrothermal field, Oceanography, Vol. 18, No. 3, pp. 32-45

Kingston Tivey, M., 2007, Generation of Seafloor Hydrothermal Vent Fluids and associated Mineral Deposits, Oceanography Vol. 20, No. 1, pp. 50-65

Koeberl, C., 2004, The Late Heavy Bombardement in the Inner Solar System: Is there any connection to Kuiper Belt Objects?, Earth, Moon, and Planets, Vol. 92, No. 1-4, DOI: 10.1023/B:MOON.0000031927.85937.9e

Layer, P. W., Kröner, A., und McWilliams, M., 1996, An Archean Geomagnetic Reversal in the Kaap Valley Pluton, South Africa, Science 16, Vol. 273, No. 5277, pp. 943 – 946, DOI: 10.1126/science.273.5277.943

Lepland, A., van Zuilen, M.A., Arrhenius, G., Whitehouse, M.J. und Fedo, C.M., 2005, Questioning the evidence for Earth's earliest life Akilia revisited, Geology, Vol. 33, pp. 77-79

Marzoli, A., Renne, P.R., Piccirillo, E.M., Ernesto, M., Bellieni, G., and De Min, A., 1999, Extensive 200-Million-Year-Old Continental Flood Basalts of the Central Atlantic Magmatic Province, Science, Vol. 284, No. 5414, pp. 616 – 618, DOI: 10.1126/science.284.5414.616

Mahoney, J. J., Saunders, A. D., Schlich, R., und Wallace, P. J., 2006, Large igneous provinces and scientific ocean drilling – status quo and look ahead, Oceanography Vol. 19, No. 4

McDonough, W., 2002, The Earth's core: its composition, formation and evolution, abstract, SEDI 2002, 8th Symposium of SEDI, July 22-26, 2002, Lake Tahoe, California

McHone, J.G., 2000, Non-plume magmatism and rifting during the opening of the central Atlantic Ocean, Tectonophysics, Vol. 316, pp. 287-296

Miller, S. L., 1953, Production of Amino Acids Under Possible Primitive Earth Conditions, Science, Vol. 117, No. 528, DOI:10.1126/science.117.3046.528

Miller, S., L. und Urey, H.C., 1959, Organic Compound Synthesis on the Primitive Earth, Science, Vol. 130, No. 245, DOI:10.1126/science.130.3370.245

Mojzsis, S.J., Arrhenius, G., McKeegan, K.D., Harrison, T.M., Nutman, A.P. und Friend, C.R.L., 1996, Evidence for life on Earth before 3,800 million years ago, Nature, Vol. 384, pp. 55-59

Morgan, W.J., 1971, Convection plumes in the lower mantle, Nature, Vol. 230, p. 42

Morgan, W.J., 1983, Hotspot tracks and the early rifting of the Atlantic, Tectonophysics, Vol. 94, pp. 123-139

Morgan, J. P., Reston, T. J., und Ranero, C. R., 2004, Contemporaneous mass extinctions, continental flood basalts, and 'impact signals': are mantle plume-induced lithospheric gas explosions the causal link? Earth and Planetary Science Letters, Vol. 217, pp. 263-284

Muller, R. A., 2002, Avalanches at the core-mantle boundary, Geophysical Research Letters, Vol. 29 pp. 41-1 to 41-4, DOI 10.1 02 9/2 002GL015938

Nisbet, E.G., und Sleep, N.H., 2001, The habitat and nature of early life, Nature, 409, pp. 1083-1091

Pati, J. K., und Reimold, W. U., 2007, Impact cratering – fundamental process in geoscience and planetary science, J. Earth Syst. Sci. 116, No. 2, pp. 81–98

Peate, D. W., 1997, The Paraná-Etendeka Province, Geophysical monograph, American Geophysical Union, Vol. 100 (443 p.) (3 p.3/4), pp. 217-245

Prévot, M., und Perrin, M., 2007, Intensity of the Earth's magnetic field since Precambrian from Thellier-type palaeointensity data and inferences on the thermal history of the core, Geophysical Journal International, Vol. 108, No. 2, pp. 613 – 620, DOI: 10.1111/j.1365-246X.1992.tb04640.x

Richards, M.A., Duncan, R.A., und Courtillot, V.E., 1989, Flood Basalts and Hot-Spot Tracks: Plume Heads and Tails, Science, Vol. 246, pp. 103-107

Russell, M. J., 2007, The Alkaline Solution to the Emergence of Life: Energy, Entropy and Early Evolution, Acta Biotheor, Springer Science + Business Media B.V., DOI 10.1007/s10441-007-9018-5

Russell, M.J. und Arndt, N.T., 2004, Geodynamic and metabolic cycles in the Hadean Biogeosciences Discussions, 1, 591–624, European Geosciences Union, www.biogeosciences.net/bgd/1/591/ SRef-ID: 1810-6285/bgd/2004-1-591

Russell, M.J. und Hall, A.J., 2006, The onset and early evolution of life, Geological Society of America Memoir 198

Ryder G., 1990, Lunar samples, lunar accretion, and the early bombardement history of the Moon, EOS Trans. Am. Geophys. Un. Vol. 71, No. 3, pp. 13-323

Saunders, A.D., England, R.W., Reichow, M.K., und White, R.V., 2005, A mantle plume origin for the Siberian traps: uplift and extension in the West Siberian Basin, Russia, Lithos 79, pp 407-424, Elsevier science@direct

Schopf, J.W. und Walter, M.R., 1983, Archaean microfossils: New evidence of ancient microbes, In Earth's Earliest Biosphere (ed. J.W. Schopf), Princeton Univ. Press, pp. 214-239

Schopf, J.W., 1993, Microfossils of the Early Archaean Apex chert: New Evidence for the Antiquity of Life, Science, Vol. 260, pp. 640-646

Seghedi, I., Downes, H., Szakacs, A., Mason, P., Thirlwall, M., Rosu, E., Pecskay, Z., Marton, E., und Panaiotu, C., 2004, Neogene-Quaternary magmatism and geodynamics in the Carpathian-Pannonian region: a synthesis, Lithos 72, 117-146, Elsevier

Sheth, H.C., 2005, From Deccan to Réunion: No trace of a mantle plume, in Foulger, G.R., Natland, J.H., Presnall, D.C., and Anderson, D.L., eds., Plates, plumes, and paradigms, Geological Society of America Special Paper, Vol. 388, pp. 477–501

Sleep, N.H., 1992, Hotspot volcanism and mantle plumes, Annual Review of Earth and Planetary Sciences, Vol. 20, pp.19–43

Steinberger, B., 1996, Motion of Hotspots and Changes of the Earth's Rotation

Axis Caused by a Convecting Mantle, thesis, Harvard University Cambridge, Massachusetts

Steinberger, B., 2000, Plumes in a convecting mantle: Models and observations for individual hotspots, Journal of Geophysical Research, Vol. 105 (B5), pp. 11127-11152

Steinberger, B., Sutherland, R., und O'Connel, R., 2004, Prediction of Emperor-Hawaii seamount locations from a revised model of global plate motion and mantle flow, Nature, Vol. 430, No. 8, pp. 167-173

Stetter, K. O., 1998, Hyperthermophiles and their possible role as ancestors of modern life, in The Molecular Origins of Life, (ed A. Brack), Cambridge University Press, 1 pp. 315-335

Suganumaa, Y., Hamanoa, Y., Niitsumab, S., Hoashic, M., Hisamitsud, T., Niitsumae, N., Kodamaf , K., und Nedachic, M., 2006, Paleomagnetism of the Marble Bar Chert Member, Western Australia: Implications for apparent polar wander path for Pilbara craton during Archean time, Earth and Planetary Science Letters, Vol. 252, No. 3-4, pp. 360-371, DOI:10.1016/j.epsl.2006.10.003

Tarduno, J. A., 2008, Strength of the Archean geomagnetic field and effectiveness of magnetic shielding from the young active Sun, American Geophysical Union, Spring Meeting 2008, abstract #GP33A-02

Tera F., Papanastassiou D.A., und Wasserburg G.J., 1974, Isotopic evidence for a terminal lunar cataclysm, Earth Planet. Sci. Lett., Vol. 22, pp. 1-21

Therriault, A. M., Grieve, R. A. F., und Pilkington, M., 2002, The recognition of terrestrial impact structures, Bulletin of the Czech Geological Survey, Vol. 77, No. 4, pp. 253–263

von Frese, R. R. B., Potts, L. V., Wells, S. B., Leftwich, T. E., Kim, H. R., Golynsky, A. V., Hernandez, O., und Gaya-Pique´, L. R., 2009, GRACE gravity evidence for an impact basin in Wilkes Land, Antarctica, Geochemistry Geophysics Geosystems G3, AGU and the Geochemical Society, Vol. 10, No. 2, Q02014, DOI: 10.1029/2008GC002149

Walter, M.R., 1983, Archaean stromatolites: Evidence of the Earth's earliest benthos, In Earth's Earliest Biosphere (ed. J.W. Schopf), Princeton Univ. Press, pp. 240-259

White, R., McKenzie, D., 1989, Magmatism at rift zones: the generation of volcanic continental margins and flood basalts, J. Geophys. Res., Vol. 94, pp. 7685-7729

Wilde, S.A., Valley, J.W. Peck, W.H., und Colin, M.G., 2001, Evidence from detrital zircons for the existence of continental crust and oceans on the Earth 4,4 Gyr ago, Nature, Vol. 409, pp.175-178, Macmillan Magazines Ltd.

Wilhelms D.E., 1987, The geologic history of the Moon, U.S. Geol. Surv. Prof. Pap. 1348, 302 pp

Wilson, M., 1997, Thermal evolution of the central Atlantic passive margins: continental break-up above a Mesozoic super-plume, J. Geol. Soc., London 154, pp. 491-495

Yoshihara, A., und Hamano, Y., 2004, Paleomagnetic constraints on the Archean geomagnetic field intensity obtained from komatiites of the Barberton and Belingwe greenstone belts, South Africa and Zimbabwe, Precambrian Research, Vol. 131, No. 1-2, pp. 111-142, DOI:10.1016/j.precamres.2004.01.003

Kap. 4

Lisiecki, L. E., und Raymo, M. E., 2005, A Pliocene-Pleistocene stack of 57 globally distributed benthic $d^{18}O$ records, Paleoceanography, 20, PA1003, DOI:10.1029/2004PA001071

Glossar

Giorgini, J.D., Benner, L.A.M., Ostroa, S.J., Nolan, M.C., und Busch, M.W., 2008, Predicting the Earth encounters of (99942) Apophis, Icarus, 193, 1–19, Elsevier